致力于绿色发展的城乡建设

城乡协调发展与乡村建设

全国市长研修学院系列培训教材编委会　编写

中国建筑工业出版社

图书在版编目（CIP）数据

城乡协调发展与乡村建设／全国市长研修学院系列培训教
材编委会编写. —北京：中国建筑工业出版社，2019.6（2023.6重印）
（致力于绿色发展的城乡建设）
ISBN 978-7-112-23949-8

Ⅰ．①城…　Ⅱ．①全…　Ⅲ．①城乡建设－协调发展－
研究－中国　Ⅳ．①TU984.2

中国版本图书馆CIP数据核字（2019）第131989号

责任编辑：尚春明　咸大庆　郑淮兵　毋婷娴
责任校对：赵　菲　焦　乐

致力于绿色发展的城乡建设
城乡协调发展与乡村建设
全国市长研修学院系列培训教材编委会　编写

＊

中国建筑工业出版社出版、发行（北京海淀三里河路9号）
各地新华书店、建筑书店经销
北京锋尚制版有限公司制版
北京富诚彩色印刷有限公司印刷

＊

开本：787×1092毫米　1/16　印张：10 ¾　字数：158千字
2019年11月第一版　2023年6月第三次印刷
定价：85.00元
ISBN 978-7-112-23949-8
（34240）

版权所有　翻印必究
如有印装质量问题，可寄本社退换
（邮政编码100037）

全国市长研修学院系列培训教材编委会

主　　　　任：王蒙徽

副　主　任：易　军　倪　虹　黄　艳　姜万荣
　　　　　　常　青

秘　书　长：潘　安

编　　　委：周　岚　钟兴国　彭高峰　由　欣
　　　　　　梁　勤　俞孔坚　李　郇　周鹤龙
　　　　　　朱耀垠　陈　勇　叶浩文　李如生
　　　　　　李晓龙　段广平　秦海翔　曹金彪
　　　　　　田国民　张其光　张　毅　张小宏
　　　　　　张学勤　卢英方　曲　琦　苏蕴山
　　　　　　杨佳燕　朱长喜　江小群　邢海峰
　　　　　　宋友春

组　织　单　位：中华人民共和国住房和城乡建设部
　　　　　　　　（编委会办公室设在全国市长研修学院）

办 公 室 主 任：宋友春（兼）

办公室副主任：陈　付　逄宗展

贯彻落实新发展理念
推动致力于绿色发展的城乡建设

　　习近平总书记高度重视生态文明建设和绿色发展，多次强调生态文明建设是关系中华民族永续发展的根本大计，我们要建设的现代化是人与自然和谐共生的现代化，要让良好生态环境成为人民生活的增长点、成为经济社会持续健康发展的支撑点、成为展现我国良好形象的发力点。生态环境问题归根结底是发展方式和生活方式问题，要从根本上解决生态环境问题，必须贯彻创新、协调、绿色、开放、共享的发展理念，加快形成节约资源和保护环境的空间格局、产业结构、生产方式、生活方式。推动形成绿色发展方式和生活方式是贯彻新发展理念的必然要求，是发展观的一场深刻革命。

　　中国古人早就认识到人与自然应当和谐共生，提出了"天人合一"的思想，强调人类要遵循自然规律，对自然要取之有度、用之有节。马克思指出"人是自然界的一部分"，恩格斯也强调"人本身是自然界的产物"。人类可以利用自然、改造自然，但归根结底是自然的一部分。无论从世界还是从中华民族的文明历史看，生态环境的变化直接影响文明的兴衰演替，我国古代一些地区也有过惨痛教训。我们必须继承和发展传统优秀文化的生态智慧，尊重自然，善待自然，实现中华民族的永续发展。

　　随着我国社会主要矛盾转化为人民日益增长的美好生活需要和不平衡不充分的发展之间的矛盾，人民群众对优美生态环境的需要已经成为这一矛盾的重要方面，广大人民群众热切期盼加快提高生态环境和人居环境质量。过去改革开放 40 年主要解决了"有没有"的问题，现在要着力解决"好不好"的问题；过去主要追求发展速度和规模，现在要更多地追求质量和效益；过去主要满足温饱等基本需要，现在要着力促进人的全面发展；过去发展方式重经济轻环境，现在要强调"绿水青山就是金山银山"。我们要顺应新时代新形势新任务，积极回应人民群众所想、所盼、所急，坚持生态优先、绿色发展，满足人民日益增长的对美好生活的需要。

我们应该认识到，城乡建设是全面推动绿色发展的主要载体。城镇和乡村，是经济社会发展的物质空间，是人居环境的重要形态，是城乡生产和生活活动的空间载体。城乡建设不仅是物质空间建设活动，也是形成绿色发展方式和绿色生活方式的行动载体。当前我国城乡建设与实现"五位一体"总体布局的要求，存在着发展不平衡、不协调、不可持续等突出问题。一是整体性缺乏。城市规模扩张与产业发展不同步、与经济社会发展不协调、与资源环境承载力不适应；城市与乡村之间、城市与城市之间、城市与区域之间的发展协调性、共享性不足，城镇化质量不高。二是系统性不足。生态、生产、生活空间统筹不够，资源配置效率低下；城乡基础设施体系化程度低、效率不高，一些大城市"城市病"问题突出，严重制约了推动形成绿色发展方式和绿色生活方式。三是包容性不够。城乡建设"重物不重人"，忽视人与自然和谐共生、人与人和谐共进的关系，忽视城乡传统山水空间格局和历史文脉的保护与传承，城乡生态环境、人居环境、基础设施、公共服务等方面存在不少薄弱环节，不能适应人民群众对美好生活的需要，既制约了经济社会的可持续发展，又影响了人民群众安居乐业，人民群众的获得感、幸福感和安全感不够充实。因此，我们必须推动"致力于绿色发展的城乡建设"，建设美丽城镇和美丽乡村，支撑经济社会持续健康发展。

我们应该认识到，城乡建设是国民经济的重要组成部分，是全面推动绿色发展的重要战场。过去城乡建设工作重速度、轻质量，重规模、轻效益，重眼前、轻长远，形成了"大量建设、大量消耗、大量排放"的城乡建设方式。我国每年房屋新开工面积约 20 亿平方米，消耗的水泥、玻璃、钢材分别占全球总消耗量的 45%、40% 和 35%；建筑能源消费总量逐年上升，从 2000 年 2.88 亿吨标准煤，增长到 2017 年 9.6 亿吨标准煤，年均增长 7.4%，已占全国能源消费总量的 21%；北方地区集中采暖单位建筑面积实际能耗约 14.4 千克标准煤；每年产生的建筑垃圾已超过 20 亿吨，约占城市固体废弃物总量的 40%；城市机动车排放污染日趋严重，已成为我国空气污染的重要来源。此外，房地产业和建筑业增加值约占 GDP 的 13.5%，产业链条长，上下游关联度高，对高能耗、高排放的钢铁、建材、石化、有色、化工等产业有重要影响。因此，推动"致力于绿色发展的城乡建设"，转变城乡建设方式，推广适于绿色发展的新技术新材料新标准，建立相适应的建设和监管体制机制，对促进城乡经济结构变化、促进绿色增长、全面推动形成绿色发展方式具有十分重要的作用。

时代是出卷人，我们是答卷人。面对新时代新形势新任务，尤其是发展观的深刻革命和发展方式的深刻转变，在城乡建设领域重点突破、率先变革，推动形成绿色发展方式和生活方式，是我们责无旁贷的历史使命。

推动"致力于绿色发展的城乡建设"，走高质量发展新路，应当坚持六条基本原则。一是坚持人与自然和谐共生原则。尊重自然、顺应自然、保护自然，建设人与自然和谐共生的生命共同体。二是坚持整体与系统原则。统筹城镇和乡村建设，统筹规划、建设、管理三大环节，统筹地上、地下空间建设，不断提高城乡建设的整体性、系统性和生长性。三是坚持效率与均衡原则。提高城乡建设的资源、能源和生态效率，实现人口资源环境的均衡和经济社会生态效益的统一。四是坚持公平与包容原则。促进基础设施和基本公共服务的均等化，让建设成果更多更公平惠及全体人民，实现人与人的和谐发展。五是坚持传承与发展原则。在城乡建设中保护弘扬中华优秀传统文化，在继承中发展，彰显特色风貌，让居民望得见山、看得见水、记得住乡愁。六是坚持党的全面领导原则。把党的全面领导始终贯穿"致力于绿色发展的城乡建设"的各个领域和环节，为推动形成绿色发展方式和生活方式提供强大动力和坚强保障。

推动"致力于绿色发展的城乡建设",关键在人。为帮助各级党委政府和城乡建设相关部门的工作人员深入学习领会习近平生态文明思想,更好地理解推动"致力于绿色发展的城乡建设"的初心和使命,我们组织专家编写了这套以"致力于绿色发展的城乡建设"为主题的教材。这套教材聚焦城乡建设的12个主要领域,分专题阐述了不同领域推动绿色发展的理念、方法和路径,以专业的视角、严谨的态度和科学的方法,从理论和实践两个维度阐述推动"致力于绿色发展的城乡建设"应当怎么看、怎么想、怎么干,力争系统地将绿色发展理念贯穿到城乡建设的各方面和全过程,既是一套干部学习培训教材,更是推动"致力于绿色发展的城乡建设"的顶层设计。

专题一:明日之绿色城市。面向新时代,满足人民日益增长的美好生活需要,建设人与自然和谐共生的生命共同体和人与人和谐相处的命运共同体,是推动致力于绿色发展的城市建设的根本目的。该专题剖析了"城市病"问题及其成因,指出原有城市开发建设模式不可持续、亟需转型,在继承、发展中国传统文化和西方人文思想追求美好城市的理论和实践基础上,提出建设明日之绿色城市的目标要求、理论框架和基本路径。

专题二:绿色增长与城乡建设。绿色增长是不以牺牲资源环境为代价的经济增长,是绿色发展的基础。该专题阐述了我国城乡建设转变粗放的发展方式、推动绿色增长的必要性和迫切性,介绍了促进绿色增长的城乡建设路径,并提出基于绿色增长的城市体检指标体系。

专题三:城市与自然生态。自然生态是城市的命脉所在。该专题着眼于如何构建和谐共生的城市与自然生态关系,详细分析了当代城市与自然关系面临的困境与挑战,系统阐述了建设与自然和谐共生的城市需要采取的理念、行动和策略。

专题四:区域与城市群竞争力。在全球化大背景下,提高我国城市的全球竞争力,要从区域与城市群层面入手。该专题着眼于增强区域与城市群的国际竞争力，分析了致力于绿色发展的区域与城市群特征，介绍了如何建设具有竞争力的区域与城市群，以及如何从绿色发展角度衡量和提高区域与城市群竞争力。

　　专题五：城乡协调发展与乡村建设。绿色发展是推动城乡协调发展的重要途径。该专题分析了我国城乡关系的巨变和乡村治理、发展面临的严峻挑战，指出要通过"三个三"（即促进一二三产业融合发展，统筹县城、中心镇、行政村三级公共服务设施布局，建立政府、社会、村民三方共建共治共享机制），推进以县域为基本单元就地城镇化，走中国特色新型城镇化道路。

　　专题六：城市密度与强度。城市密度与强度直接影响城市经济发展效益和人民生活的舒适度，是城市绿色发展的重要指标。该专题阐述了密度与强度的基本概念，分析了影响城市密度与强度的因素，结合案例提出了确定城市、街区和建筑群密度与强度的原则和方法。

　　专题七：城乡基础设施效率与体系化。基础设施是推动形成绿色发展方式和生活方式的重要基础和关键支撑。该专题阐述了基础设施生态效率、使用效率和运行效率的基本概念和评价方法，指出体系化是提升基础设施效率的重要方式，绿色、智能、协同、安全是基础设施体系化的基本要求。

　　专题八：绿色建造与转型发展。绿色建造是推动形成绿色发展方式的重要领域。该专题深入剖析了当前建造各个环节存在的突出问题，阐述了绿色建造的基本概念，分析了绿色建造和绿色发展的关系，介绍了如何大力开展绿色建造，以及如何推动绿色建造的实施原则和方法。

　　专题九：城市文化与城市设计。生态、文化和人是城市设计的关键要素。该专题聚焦提高公共空间品质、塑造美好人居环境，指出城市设计必须坚持尊重自然、顺应自然、保护自然，坚持以人民为中心，坚持以文化为导向，正确处理人和自然、人和文化、人和空间的关系。

专题十：统筹规划与规划统筹。科学规划是城乡绿色发展的前提和保障。该专题重点介绍了规划的定义和主要内容，指出规划既是目标，也是手段；既要注重结果，也要注重过程。提出要通过统筹规划构建"一张蓝图"，用规划统筹实施"一张蓝图"。

专题十一：美好环境与幸福生活共同缔造。美好环境与幸福生活共同缔造，是促进人与自然和谐相处、人与人和谐相处，构建共建共治共享的社会治理格局的重要工作载体。该专题阐述了在城乡人居环境建设和整治中开展"美好环境与幸福生活共同缔造"活动的基本原则和方式方法，指出"共同缔造"既是目的，也是手段；既是认识论，也是方法论。

专题十二：政府调控与市场作用。推动"致力于绿色发展的城乡建设"，必须处理好政府和市场的关系，以更好发挥政府作用，使市场在资源配置中起决定性作用。该专题分析了市场主体在"致力于绿色发展的城乡建设"中的关键角色和重要作用，强调政府要搭建服务和监管平台，激发市场活力，弥补市场失灵，推动城市转型、产业转型和社会转型。

绿色发展是理念，更是实践；需要坐而谋，更需起而行。我们必须坚持以习近平新时代中国特色社会主义思想为指导，坚持以人民为中心的发展思想，坚持和贯彻新发展理念，坚持生态优先、绿色发展的城乡高质量发展新路，推动"致力于绿色发展的城乡建设"，满足人民群众对美好环境与幸福生活的向往，促进经济社会持续健康发展，让中华大地天更蓝、山更绿、水更清、城乡更美丽。

王蒙徽

2019 年 4 月 16 日

前言

乡村是绿色发展的生态基底，是大自然的底色，是消除和平衡城市碳足迹和碳排放的生态屏障，承担着为整个城乡发展提供粮食生产、维护生态平衡、保护乡土文化，乃至稳定社会关系的多重功能。

乡村，对于中国人有着特别重要的意义。中国人有着特别浓厚的土地情结，乡村是中国人的精神家园。几千年来，中华民族依附于土地和自然，顺天时、就地利，辛勤耕耘，生生不息，在此过程中发展形成了以农耕文明为核心的灿烂中华文化，既有天人合一的自然格局，又有长幼尊卑的社会秩序。中国的乡村聚落和山水林田湖草有机相融，蕴含着深厚的绿色生产生活智慧，在国家生态安全、粮食安全、中华文化传承发展格局中具有重要作用。

近代以来，工业革命与城镇化的进程从根本上改变了城乡关系，工业化和城镇化吸引了大量的农业人口流向城市，乡村自给自足的经济与社会体系被打破，城市在城乡关系中占据了主导地位。从全球范围来看，城镇化重塑了世界的城乡关系，带来了乡村经济、社会、文化和环境的剧烈变迁和深刻转型，乡村人口的外流及老龄化还进一步降低了地方政府改善乡村基础设施的动力，乡村的衰落和式微成为全球的普遍现象。人们不禁要问：城镇化背景下的乡村将何去何从？

中国城乡关系的演进有其自身的历史过程和发展特点。"改革开放以来，我国农村面貌发生了天翻地覆的变化。但是，城乡二元结构没有根本改变，城乡发展差距不断拉大趋势没有根本扭转"，"我国发展的最大不平衡是城乡发展不平衡，最大的不充分是农村发展不充分。"[1]

为此，"党的十八大以来，我们下决心调整工农关系、城乡关系，采取了一系列举措推动工业反哺农业、城市支持农村"。[2]党的十九大更进一步作出了实施乡村振兴战略的重大决策部署，提出"要按照产业兴旺、生态宜居、乡风文明、治理有效、生活富裕的总要求，建立健全城乡融合发展体制机制和政策体系，加快推进农业农村现代化"。[3]随后《中共中央国务院关于实施乡村振兴战略的意见》明确要"推动新型工业化、信息化、城镇化、农业现代化同步发展，加快形成工农互促、城乡互补、全面融合、共同繁荣的新型工农城乡关系。"[4]这些为系统解决中国城乡二元结构、推动城乡协调发展、走中国特色的乡村振兴之路指明了方向。

同时，习近平总书记指出"在我们这样一个拥有近14亿人口的大国，实现乡村振兴是前无古人、后无来者的伟大创举，没有现成的、可照抄照搬的经验"。[5]实现乡村振兴，建立平衡、协调、融合的城乡关系，需要耐心和恒心，需要国家的战略布局和顶层设计，也需要在实践过程中的地方创新创造和农民主体作用的发挥。

本书的目的在于引导启迪地方决策者、实践者、建设者，按照习近平生态文明思想和习近平总书记关于"三农"工作重要论述，科学推动新型城镇化和乡村振兴，重塑生态文明时期的新型城乡关系，走绿色的城乡协调发展之路，因地制宜绘制新时代美丽乡村建设的"富

1　习近平：《把乡村振兴战略作为新时代"三农"工作总抓手》，《求是》2019年6月第11期。

2　同上。

3　2017年10月，习近平总书记在中国共产党第十九次全国代表大会上的报告。

4　2018年1月，《中共中央国务院关于实施乡村振兴战略的意见》。

5　同1。

春山居图"，共同努力为世界解决城乡关系问题提供"中国方案"。

本书坚持问题导向，围绕基层普遍关注的重点问题展开论述：如何看待城乡关系？如何把握生态文明时期的城乡关系？如何认识新时代乡村的多元价值？如何推动乡村的绿色发展？如何在乡村总体人口减少的背景下统筹城镇村布局、集约提高乡村的基本公共服务均等化水平？如何通过政府、社会、村民三方的共建共治共享机制建立推动乡村振兴？如何通过美丽乡村建设支撑打造新时代现代版的"富春山居图"？

本书分六章展开，第一章重点讨论城乡关系的演变趋势和生态文明时期的新型城乡关系。第二章分析新时代的乡村多元价值，以及基于多元价值的乡村绿色发展路径。第三章探讨发挥县域就地就近城镇化和城乡协调发展的作用，统筹城、镇、村布局，集约提供乡村基本公共服务水平的方法路径。第四章从政府、社会、村民三方共建共治共享机制建立的角度，探讨新时代共同缔造的乡村振兴路径。第五章聚焦讨论通过美丽乡村建设打造新时代现代版的"富春山居图"。第六章通过陕西袁家村、浙江东梓关村、江苏东罗村和贵州塘约村等四个典型案例介绍，解析乡村如何探索出根植于本土特点的多元发展建设路径。

本书围绕城乡协调发展和乡村建设主题，力求体现理论性、知识性、政策性，同时突出时代性、实效性和可操作性。本书在编写过程中，坚持城乡联动的思路，把城市和乡村作为一个整体统筹谋划，强调乡村振兴与新型城镇化互惠一体,在尊重城乡演变规律的基础上协调城、镇、村发展,防止城乡脱节、就乡村论乡村;强调在城乡关系重塑过程中,必须坚持农业农村优先,保护乡村的生态基底,以绿色农业为基础推动一二三产融合发展的美丽乡村建设;同时本书强调城与乡发展的差别化定位,强调发挥乡村特色和比较优势,防止将城市思维、工业化思维强加于乡村,重视乡村建设的乡土味道和特色彰显,并体现"现代化和乡愁保护并行不悖"的魅力;按照《致力于绿色发展的城乡建设》的总体部署和要求,本书突出强调乡村是消除与平衡城市碳足迹和碳排放的生态屏障,在国家生态安全、粮食安全、中华文化传承发展格局中具有重要作用。乡村的这些规律和特点决定了它不能走粗放的工业化老路,而必须走习近平总书记倡导的"绿水青山就是金山银山"的乡村绿色发展之路。

目录

01

重塑生态文明时期的新型城乡关系

● 本章梳理了城乡关系发展演化的历史脉络，提出通过"三个三"的现实路径，即促进一二三产业融合发展，统筹县域、中心镇、行政村公共服务设施布局，建立政府、社会、村民共建共治共享机制，重塑生态文明时期的新型城乡关系，走中国特色的新型城镇化和乡村振兴道路。

1.1　城乡关系演进的国际趋势

从城市诞生的那一天起，城市与乡村这两种截然不同的人居类型就在人类社会发展中扮演着截然不同的角色（图 1-1）。可以说，人类文明的发展史也是城乡关系的演进史。

图 1-1　在原始社会末期，以防卫为目标、周围屹立着高峻墙壁的城市的出现，犹如人类创造了新的生产工具一样，标志着人类已经进入文明时代。[1]

1.1.1　农业文明时期的城乡分离

在漫长的农业文明时期，农业经济占据着经济社会结构中的主体地位：一方面，城市数量少、规模小，城市发展迟缓，城市里的商品交换极为有限；另一方面，依附于农业经济的城市是一个相对封闭的社会空间，[2] 甚至在很大程度上只是用于攻防需要的一个孤立的据点，[3] 城乡之间是相互分离的。广大的乡村地区，则基本处于经济生产上自给自足、自我循环，社会管理上乡村自治、宗族治理的封闭状态。城乡之间虽然存在较大差异，但是基本互不干扰、各自运行。

1　马克思、恩格斯：《马克思恩格斯全集（第 3 卷）》，人民出版社，1965，第313 页。

2　马克思、恩格斯：《马克思恩格斯全集（第 4 卷）》，人民出版社，1995，第159-160 页。

3　马克思、恩格斯：《马克思恩格斯全集（第 21 卷）》，人民出版社，1965，第186，第 188 页。

1.1.2　工业文明时期的城乡矛盾

近代工业革命与城镇化的进程，从根本上改变了城乡关系。城镇化和工业化带来城市人口大量集聚，城市在城乡关系中逐渐占据了主导地位，工业成为城乡经济结构中的主体。正如马克思所指出的："乡村屈服于城市的统治，创立了规模巨大的城市，使城市人口比乡村人口大增起来。"[1]

城市与城市产业的快速发展，使人口、资源等生产要素迅速涌入城市。这种单向掠夺式的要素流动方式造成了剧烈的城乡分化，城乡矛盾日益突出：一方面城市迅速膨胀，但同时又拥挤不堪，公共设施供给不足，环境持续恶化，产生了严重的"城市病"；另一方面，乡村空间受到挤压，自给自足的经济与社会体系被打破，人口大量流失，农业衰退，乡村衰败，农民作为一个阶级迅速萎缩[2]（图 1-2）。

1　马克思、恩格斯：《马克思恩格斯全集（第 1 卷）》，人民出版社，1956，第 255 页。

2　廖跃文：《英国维多利亚时期城市化的发展特点》，《世界历史》1997 年第 5 期。

图 1-2　吞噬乡村的城市怪兽

图片来源：吴良镛：《关于建筑学未来的几点思考（下）》，《建筑学报》1997 年第 3 期

1　任有权:《文化视角下的
英国城乡关系》,《南京
大学学报(哲学·人文科
学·社会科学)》2015 年
第 52 卷第 6 期。

　　城镇化、工业化带来的生活节奏过快、城市环境质量下降等因
素,使得人们开始重新向往绿色恬静的乡村生活。二战以后,西方国
家普遍出现了"郊区化"浪潮(图 1-3)。但是不受约束的郊区化蔓延
发展占用了大量农田,侵蚀了大量的生态空间,不仅破坏了原有的乡
村田园风光,还对乡村造成了无形的文化入侵。[1]

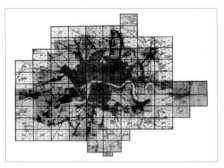

图 1-3　郊区化浪潮带来的城市蔓延,不仅占用了大量农田和生态空间,还增加了机动车通勤需求,造成资源能源的高耗费

图片来源:Middlesex: a roundtrip in nowhere land-Ribbon development Researchgate-Multifunctionality and rural development-impact of gas extraction on rural infrastructure in Groningen

1.1.3　西方国家对城乡关系的反思与实践探索

　　面对工业化、城镇化带来城乡间巨大的落差和矛盾,一些西方学
者开始关联思考城市与乡村的发展关系。亚当·斯密认为"城镇财富
的增长与规模的扩大,都是乡村耕作及改良事业发展的结果",城市
和乡村具有相互依存的关系;杜能则设想出一个基于城乡之间产业分
工、以工农业产品互换为基础的"孤立国",开创了将城乡视为整体
分析研究的先河;霍华德更是在 1898 年系统地提出了城乡交融的"田
园城市"理想模式,被视为现代城市规划的开山鼻祖。

1 资料来源:

[1] 约翰·冯·杜能:《孤立国同农业和国民经济的关系》,商务印书馆,2009,第256-258页。

[2] 罗应霞:《浅析杜能及其〈孤立国〉在经济学中的贡献》,《云南行政学院学报》2003年第2期。

杜能的"孤立国" [1]

德国农业经济学家约翰·冯·杜能(Johan Heinrich von Thunnen,1783—1850)于1826年出版了《孤立国同农业和国民经济的关系》一书,探讨了以城乡之间产业分工和工农业产品互换为基础的城乡空间区位关系。这本书作为有关区域理论的一部古典名著,开创了将城乡视为一个整体的分析研究传统,被视作经济地理学和农业地理学的开篇之作。

在书中,杜能设想出一个"孤立国"。他假设这个与外界隔绝的孤立国,是一个天然均质的大平原。在孤立国内只有一个城市,且位于平原中央,城市周围是农村和农业用地。各地农业发展的土壤、气候等自然条件都相同。城市是"孤立国"中农产品的唯一销售市场,而农村则靠该城市供给工业品。在杜能的孤立国模型中,农业生产方式的空间配置以城市为中心,由里向外依次为自由式农业、林业、轮作式农业、谷草式农业、三圃式农业、畜牧业等同心圆结构(图1-4)。

·第一圈自由式农业圈:为最近的城市农业地带,主要生产易腐难运的产品,如蔬菜、鲜奶。

·第二圈林业圈:主要种植供给城市用的重量和体积均较大的薪材、建筑用材、木炭等。

·第三圈轮作式农业圈:没有休闲地,在所有耕地上种植农作物,以谷物(麦类)和饲料作物(马铃薯、豌豆等)的轮作为主要特色。每一块地为六区轮作,其中50%的耕地种植谷物。

·第四圈谷草式农业圈:为谷物(麦类)、牧草、休耕轮作地带。每一块地为七区轮作,其中43%的耕地种植谷物。

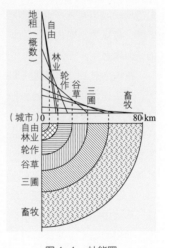

图1-4 杜能圈

图片来源:http://www.baike.com

·第五圈三圃式农业圈:是距城市最远的谷作农业圈,也是最粗放的谷作农业圈。将农家近处的每一块地划分为三区轮作,远离农家的地方则划作永久牧场,仅有24%的耕地种植谷物。

·第六圈畜牧业圈:杜能圈的最外圈,生产谷麦作物仅用于自给,而生产牧草用于养畜,以畜产品如黄油、奶酪、肉类等供应城市市场,更新周期快,商品率高。该区主要分布在城市郊外,据杜能计算距城市51~80km。此圈之外,地租为零,为无人利用的荒地。

1　资料来源：
埃比尼泽·霍华德：《明日的田园城市》，金经元译，商务印书馆，2000，第89-92页。

霍华德的"田园城市"理论[1]

为了应对"城市病"，19世纪中叶到20世纪初，英国等西方工业化国家进行了大量理论与实践的探索。但是，这些探索并没有形成应对现代城市规划问题的完整理论体系和实用的技术手段，直到英国人霍华德提出了"田园城市"的思想（图1-5、图1-6）。田园城市理论从城乡结合的角度探索解决城市问题，并将物质空间规划与社会规划相结合，对近现代城市规划产生了重大影响，被认为是现代城市规划的开山鼻祖。

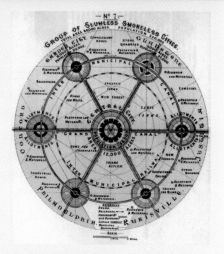

图1-5　中心城市与周边六个田园城市式新城的平面布局

图片来源：霍华德，2000

霍华德于1898年出版《明天：一条通往真正改革的和平之路》，系统阐释了其城乡融合的"田园城市"思想。霍华德在对城乡各自优缺点分析的基础上，提出城乡之间要实现"有意义的组合"，城乡要"联姻"形成磁体，理想的城市形态（即田园城市）应该兼有城乡二者的优点。

·城乡交融的空间理想

田园城市的空间形状呈圆形，六条放射状的林荫大道从市中心通向四周，把城市划成

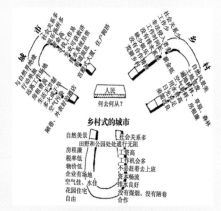

图1-6　霍华德"三磁体"理论示意图

图片来源：埃比尼泽·霍华德：《明日的田园城市》，金经元译，商务印书馆，2016，第7页

六个面积相等的扇形区域。当一座田园城市人口超过其上限时，就应该在周围乡村地区适当位置另建一座田园城市，并使得这些田园城市发展成一个有机联系的城市组群。在这些田园城市之间，渗透着广阔的绿色田野空间。

·社会改革的思想内核

霍华德试图通过构建田园城市而实现其社会改革的主张和抱负。他系统阐释了如何从土地、资金、城市收支和经营管理等方面来实现田园城市，从

而建立起城乡和谐发展的状态，消除城市对乡村的剥削。

霍华德的田园城市思想和理论深刻地影响了二战后的西方国家新城运动及城市发展的区域政策。

二战之后，面对继续加大的城乡差距，以刘易斯 1954 年提出的二元结构理论为基础（图 1-7），西方学界更加关注城乡二元问题，为此一度出现"城市偏向论"和"乡村偏向论"的巨大争论。[1]

1 王华、陈烈：《西方城乡
发展理论研究进展》，《经
济地理》2006 年第 3 期。

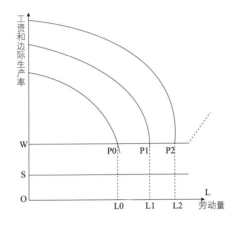

图 1-7　刘易斯二元经济结构模型
图片来源：http://www.tuxi.com.cn

2 资料来源：
[1] 梁小民：《评刘易斯的二元
经济发展理论》，《经济科
学》1982 年第 4 卷第 2 期。
[2] 伍山林：《刘易斯模型适
用性考察》，《财经研究》
2008 年第 34 卷第 8 期。

刘易斯的二元经济结构理论[2]

著名经济学家刘易斯（W.A.Lewis）1954 年在《劳动无限供给条件下的经济发展》中阐述了"两个部门结构发展模型"的概念，揭示了发展中国家拥有传统的自给自足的农业经济体系和城市现代工业体系两种不同的经济体系，这两种体系构成了"二元经济结构"。

根据二元经济结构理论所设计的模型，农业经济体系与城市现代工业体系的二元就业结构，是与农业经济体系与现代工业体系二元生产结构的变化相一致的。即随着社会经济的发展，工业化进程的推进，工业部门的产值和利润会相对上升，所需要的劳动力会越来越多；而农业部门的产值和利润会相对下降，所需要的劳动力会越来越少。而所谓"刘易斯拐点"是农业剩余劳动力向非农产业逐步转移的过程中，劳动力供给过剩变为劳动力供给短缺的转折点。刘易斯认为，经济发展过程是现代工业部门相对传统农业部门的扩张过程。这一扩张过程一直持续到把沉淀在传统农业部门的剩余劳动力全部转移完毕，直至出现一个城乡一体化劳动力市场为止。

　　20 世纪 60 年代后，随着经济社会发展阶段的变化与民众认知水平的提高，西方社会对于城乡关系有了新的认识，普遍开始倡导城乡协调发展的理念。在实践层面，部分国家和地区推动了一系列有益于乡村发展和改善城乡关系的积极行动。如德国巴伐利亚州 1965 年制订《城乡空间发展规划》，将"城乡等值化"确定为区域空间发展和国土规划的战略目标，要求城乡保持和建立同等的公共服务，保护水、空气、土地等自然资源，统一相同的生活质量和公用设施、劳动就业、居住等条件，落实城乡协调发展理念。日本自 20 世纪 60 年代开始借鉴德、法等国经验统筹城乡发展，把缩减工农之间的收入差距作为《农业基本法》的目标之一，随后采取了一系列措施努力缩小城乡差距。1975 年以后，日本农户的人均收入已经超过了城市工薪家庭的人均收入。法国在快速城市化和工业化进程中一直注重农村现代化和乡村发展，先后出台了系列政策，包括农业补贴政策、农业现代化政策、乡村土地政策、乡村发展政策等，取得了较好效果，在工业化和城市化进程中保持了农业的较快发展和城乡相对稳定。2005 年以来，法国又提出"卓越乡村"复兴计划，引导乡村发展有特色的、高品质的产业，提高乡村地区的经济活力，吸引了乡村人口的回流，成为法国乡村复兴的标志。

1　资料来源：
[1] Farmfolio-Landuse and Aqricuhural Markets in Germany.
[2] 周岚、韩冬青、张京祥、王红扬：《国际城市创新案例集》，中国建筑工业出版社，2016，第 78-81 页。

德国巴伐利亚州"城乡等值化"发展战略和持续实践 [1]

　　1965 年，德国巴伐利亚州针对当时大批农民卖掉土地、离开农村涌入城市、城乡差距迅速拉大的经济社会背景，基于《联邦德国空间规划》（Raumordnung Deutschland），制订了《城乡空间发展规划》（Landesentwicklungsprogramm Bayern），将"城乡等值化"确定为区域空间发展和国土规划的战略目标（图 1-8）。该目标要求城乡居民具有相同的生活条件、工作条件、交通条件，保持和建立同等的公共服务，保护水、空气、土地等自然资源，统一相同的生活质量和公用设施、劳动就业、居住等条件，落实城乡协调发展理念。

　　巴伐利亚州经多年坚持推动实施"城乡等值化"发展战略，成功实现了城乡等值发展的目标。

· 全面的乡村土地综合整治

巴伐利亚州乡村土地综合整治是为了改善乡村地区的生活和工作条件，在保护环境的前提下促进乡村基础设施建设和经济社会发展。巴伐利亚州乡村土地综合整治主要包括农地整理与村庄更新两项措施。巴伐利亚州经济研究所研究表明，通过土地综合整治项目支付的财政补贴每1欧元可以带动7欧元的社会和企业投资，每补贴100万欧元，可以创造130个就业岗位。经过乡村综合整治项目的乡镇经济发展水平平均提高15%。

图 1-8　巴伐利亚乡村风貌

图片来源：Free images《巴伐利亚的乡村风光》

· 有序的产业结构调整

通过主动提供基础配套齐全的工业用地及税收优惠政策，使西门子、奥迪等企业落户小城镇与乡村地区。充分发挥龙头企业和高校的诱导集聚功能，使其逐步融于当地的经济文化和社会领域。

· 针对性的财政转移支付和基础设施建设

对经济基础相对较好、处于城乡接合部的乡村与小城镇，不给予补贴；对经济结构欠协调的地区则给予更多的补贴，并以持续的基础设施投入实现全州的交通通勤均等化。

日本的城乡统筹实践 [1]

历史上日本的城乡差距较大，20世纪30年代农民的人均收入仅仅相当于市民的32%。20世纪60年代开始，日本政府借鉴德国、法国等国家的经验统筹城乡发展。1961制定了《农业基本法》，把缩减工农之间的收入差距作为基本法的目标之一。随后采取了一系列措施努力缩小城乡差距。资料显示，日本农户非农收入占比1960年为50%，1975年为71%，1980年已达83%。1975年以后，日本农户的人均收入已经超过了城市工薪家庭的人均收入。

· 推进农村土地经营流转

1962年和1970年先后两次修改《农地法》，废除了土地保有面积的上限。1975年制定的《农振法》允许农民经过集体协商自由签订或解除10年

1　资料来源：

[1] 张秋、何立胜：《城乡统筹制度安排的国际经验与启示》，《经济问题探索》2010年第5期。

[2] 郭建军：《日本城乡统筹发展的背景和经验教训》，《农业展望》2007年第2期。

[3] 孔祥利：《战后日本城乡一体化治理的演进历程及启示》，《新视野》2008年第6期。

[4] 王习明、彭晓伟：《缩小城乡差别的国际经验》，《国家行政学院学报》2007年第2期。

以内的短期土地租借合同，鼓励土地使用权流转。允许农民自由签订或解除10年以内的短期土地租借合同，促进了土地流动，为土地规模化经营提供了前提。

· 支持农业协会组织进行农村建设

农协是日本农民在生产和经营活动中形成的自我管理的、互助式的组织。通过农协，农民的剩余资金可进入合作信用系统，生产和消费资料也可以统一采购，在一定程度上防止了城市商业资本的逐利入侵。

· 建立城乡一体化的社会保障体系

日本实行以农民为对象的地域性保障制度，基本上建立了以医疗保险和养老保险为主的农村全覆盖社会保障体系，形成了城乡一体化的国民公共医疗和养老保险制度。这一社会保障体系，由中央政府委托并协同地方自治体实施。

· 发展农村基础教育和职业教育

日本政府投资乡村基础教育，使得劳动者素质大幅度提高。同时重视农村职业技术教育，政府和私营企业共同参与，提高了农业、工业和服务业的生产效率，也促进了农民的市民化进程。

· "一村一品"运动

"一村一品"运动是日本三次新农村建设运动中最富特色的实践，它以乡村自然条件和物产为依托，围绕农产品进行市场化、品牌化的建设。通过"一村一品"运动，推动每个市町村都充分发挥自己的优势，开发具有地方特色的精品或拳头产品，打入国内和国际市场（图1-9）。

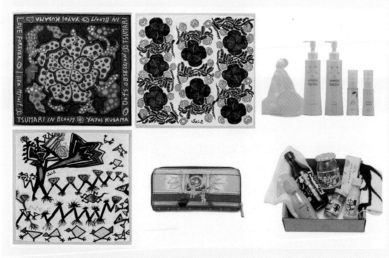

图1-9　日本一村一品商品

图片来源：http://www.yuzu.or.jp / http://sohu.com

1 资料来源：
[1] 王红扬：《法国乡村发展
与特色保护的经验借鉴与
启示》，2015。
[2] 刘健：《基于城乡统筹的
法国乡村开发建设及其规
划管理》，《国际城市规
划》2010年第25卷第2期。

法国快速城市化和工业化时期的乡村政策和"卓越乡村"复兴行动[1]

法国的城市化进程相对英、德等西欧国家较晚，在二战后的1945—1975年（城镇化快速推进的"光荣30年"），法国的城市化率从53.2%增至72.9%。同期从事农业的劳动力从32.6%下降到9.5%，经济总量中非农产业比重从80%左右增长到95%。在此过程中，法国对农业农村给予了持续关注，先后出台的如农业补贴、农业现代化、土地、乡村发展等政策，取得了较好效果（图1-10）。因此，法国在工业化和城市化进程中保持了农业的较快发展。此后，法国多措并举，持续推动乡村发展，地区间、城乡间的差距大大缩小，城乡间的人口流动也成功实现由长期以来的单向变为双向。

二战后初期至20世纪50年代末

政策重点集中于大力推动农业机械化和乡村基本设施建设，以保证农产品供应，解放乡村劳动力。

20世纪60年代初中期

制定"农业指导法"和"农业指导补充法"，完善价格扶持和补贴、调整农场结构、建立农业生产经营者退出和培训机制等政策内容，为农业深层次改革确定了目标。以此为标志，法国形成了较为完整的乡村政策体系，工作视角从单纯着眼农业和乡村扩展到从国民经济整体角度考虑农业和乡村。

20世纪60年代中期至70年代中期

乡村政策聚焦乡村农业就业人口急剧减少、老龄化现象显现、农产品加工业和乡村旅游需求增加、乡村地区发展不平衡矛盾突出、空间环境保护问题凸显等更加复杂多元的问题，增加了有关乡村更新、生态保护等内容。政策资金投入对象从基本设施转向为进一步改善乡村生活条件和接待城市居民的设施。

图1-10　法国二战后快速城市化和工业化时期的乡村政策演化
图片来源：作者自绘

尤其值得推荐的是2005年以来法国提出的"卓越乡村"复兴计划（图1-11），该计划旨在推动引导乡村地区发展有特色的、高品质的产业，提高乡村地区的经济活力，满足当地居民和外来游客的生活、就业、休闲等需求。在相应政策的推动引导下，法国乡村的产业结构呈现出生态农业、对环境压力小的工业以及服务业相结合的特点（图1-12），乡村经济功能不断拓展，不仅提供了就业，也大大改善了乡村居民的生活质量，使乡村更加富有吸引力，而新人口的到来进一步激发了乡村服务业的需求（图1-13）。如与居民日常生活相关的服务业提供了50%的乡村就业岗位，是目前法国乡村就业岗位增长最快的产业部门。同时，高品质的乡间住房越来越吸引人口迁往乡村，成为法国乡村复兴的重要标志。

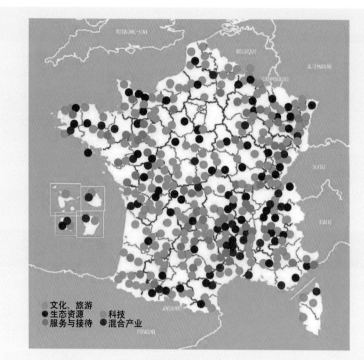

图 1-11　2006 年法国获批的 379 个"卓越乡村"项目

图片来源：作者自绘

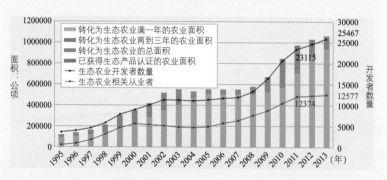

图 1-12　法国生态农业面积以及生态农业开发者数量变化

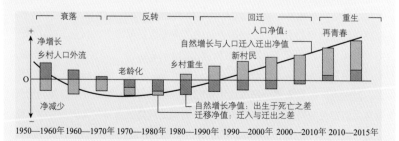

图 1-13　法国乡村人口自然增长与机械增长的变化

1.1.4 城乡关系发展演进趋势与启示

每一个国家的城乡关系都有其独特性，但也存在着共性趋势。从发达国家的城乡关系演变趋势看，总体上经历了从农业文明时期的乡村主导、城市依附于乡村和农业，到城乡二元结构时期的城市主导、"乡村屈服于城市的统治"，[1] 再到城乡联动时期追求城乡协调、平衡发展、差别定位、共同繁荣的发展历程。

世界城乡关系发展演进的历史进程显示，城乡分化是生产力发展的必然结果，但任由城乡分化加剧将给国家的经济社会带来严重的危机。因此世界各国都在致力于缩小城乡差距，以实现区域城乡发展的平等和均衡目标。可以说，追求城乡协调的魅力图景已经成为每一个现代化国家的共同梦想。

1 马克思、恩格斯：《共产党宣言》，中共中央马克思恩格斯列宁斯大林著作编译局译，人民出版社，1997。

1.2 中国城乡关系发展的历程

作为以农耕文明为根基的国家，中国城乡关系的历史演进，既与西方国家的发展历程存在一定的共性，也有着基于自身国情而决定的独特性。总体而言，中国城乡关系经历了从乡育城市、城乡分化、城乡二元到推动城乡协调的发展历程（图 1-14）。

改革开放以来，我国农村面貌发生了天翻地覆的变化。但是，城乡二元结构没有根本改变，城乡发展差距不断拉大趋势没有根本扭转。城乡发展不平衡不协调，是我国经济社会发展存在的突出矛盾，是全面建成小康社会、加快推进社会主义现代化必须解决的重大问题。[2]

2 习近平：《把乡村振兴战略作为新时代"三农"工作总抓手》，《求是》2019年6月第11期。

农业文明时期	工业文明初期 （计划经济）	工业文明中后期 （快速城镇化）	生态文明时期

农业在社会经济活动中占主导地位。城乡之间有不同程度的经济社会联系，但整体而言联系有限，乡村自给自足，是一个自治型社会。	重点发展工业，优先发展城市，通过工农业产品价格剪刀差保障工业发展，限制农村人口流入城市，城乡差距扩大。	工业成为国民经济支柱，第三产业迅猛发展；城市快速发展，城市成为城乡关系的主体，但是乡村发展相对滞后，城乡发展不平衡、不协调成为经济社会发展的突出矛盾。	党的十八大在新的历史起点提出要把生态文明放在突出位置，标志着我国城乡关系迈入生态文明的新时代。十九大报告提出实施乡村振兴战略，要求建立健全城乡融合发展体制机制。
乡育城市	城乡分化	城乡二元	城乡协调

图 1-14　中国城乡关系的历史演进脉络

图片来源：根据江苏省住房和城乡建设厅城建档案办公室资料自绘

· 城乡二元结构仍然显著

城市迅速扩张所产生的巨大投入需求，依然吸引了乡村人口向城市流动，乡村缺乏活力；相对较高的城市生活成本，也对农村人口产生了明显的排斥效应；城乡二元的社会保障制度，使得进城人口难以平等享受城镇化发展成果，城乡二元结构依然显著。

· 城乡收入差距仍然较大

从 1978 年后的近 40 年间，我国城乡居民人均可支配收入差值由 209.5 元攀升至 22964 元，城乡收入绝对差值不断扩大（图 1-15）。虽然近些年通过大力反哺乡村，城乡居民收入比值呈现一定的下降趋势，但从整体来看，城乡收入不平衡的现象依然非常严峻。

· 城乡公共产品供给失衡

1994 年分税制改革后，财权向中央集中（1994 年中央财政收入比重即占 55.7%，比 1993 年陡升 33.7 个百分点），各级政府事权虽有一定划分，但总体上乡镇等基层政府权责利不对等，公共服务能力薄弱。城市公共产品由地方政府提供，资金相对充裕，而乡镇政府则资金严重缺乏，乡村的公共产品（尤其是医疗、教育等）供给更是不足，城乡公共产品在数量和质量上的差距较大。

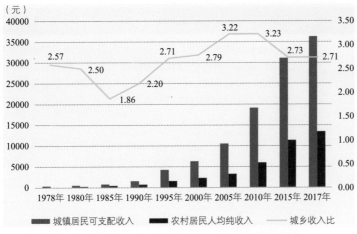

图 1-15　1978—2017 年城乡居民人均可支配收入比较

图片来源：根据国家统计局数据自绘

1.3　新型城乡关系的中国方案

　　重构新型城乡关系，是新时代的重大历史任务，是复杂艰巨的系统工程，涉及城乡经济、社会、生态、文化、空间重构等各个方面，必须统筹兼顾，协调推进，坚持农业农村优先发展，新型工业化、城镇化、信息化和农业现代化同步发展，走绿色的城乡协调发展之路（表 1-1）。

　　在实施路径上，要通过"三个三"，即促进一二三产业的融合发展，统筹县城、中心镇、行政村公共服务设施布局，建立政府、社会、村民共建共治共享机制，努力实现城乡差别定位、优势互补、资源互通、服务共享，使城与乡结成血脉相连的整体，能各显其能，共同发展，美美与共。

重构城乡关系的多个维度 表 1-1

项目	内容
重构城乡经济关系	坚持农业农村优先发展，以农业绿色发展为导向，以构建现代农业生产体系、产业体系和经营体系为重点，推动农业现代化；以工哺农、以城带乡，积极引导社会资金、现代企业参与乡村建设发展，充分运用互联网经济发展机遇，推动城乡一二三产业的融合发展
重构城乡文化关系	坚持文化自信，加强历史文化名城名镇名村和传统村落保护，保护重要农业文化遗产，推动中华优秀传统文化的创新性利用和创造性转化，挖掘彰显地域乡土文化特色；充分发挥农民、政府、社会多元主体作用，创新探索共同缔造的乡村善治之路
重构城乡社会关系	坚持以人为本，加快推动城乡基本公共服务均等化，加大乡村基础设施建设和公共服务设施的财政投入，在提高城镇综合承载力的同时，通过公共资源引导镇村体系优化，促进公共教育、医疗卫生、社会保障等资源向农村倾斜，逐步建立以县城为核心、"县－镇－村"三级的"文教卫"服务体系
重构城乡生态关系	坚持"三生"空间统筹布局，严守城镇增长边界、严控建设用地红线、严保基本农田，规划引导紧凑型城镇、开敞型空间的区域空间格局构建；加强城乡生态环境保护与修复，注重城乡污染防治和城乡人居环境综合治理；串点成线、由点及面，集成提升区域特色资源优势，构建"三生"融合的区域空间格局
重构城乡空间关系	坚持城镇村协调发展，充分发挥县级层面的作用，鼓励县域就地就近城镇化模式，引导小城镇特色发展，因村制宜，分类指导乡村的多元化发展

1 2015 年 1 月 12 日，习近平总书记在与中央党校县委书记研修班学员座谈时的讲话。

要充分发挥县级政权的作用，"尤其是在全面建成小康社会、全面深化改革、全面依法治国、全面从严治党中"的重要作用，[1]引导推动就地就近城镇化，探索建立以县域为基本单元推进就地就近城镇化的路径，城镇群、都市圈等城镇密集地区在此基础上还要注重区域的协调联动发展（图 1-16、图 1-17）。

图 1-16　不同地域的乡村聚落 *
（带 * 的插图均由视觉中国网站提供）

图 1-17　点缀于自然山水之间的乡村聚落 *

促进一二三产业融合发展

　　产业兴旺，是实施乡村振兴战略的首要任务。应立足乡村多元价值，以农业为根本，走绿色发展的道路。通过深入挖掘和彰显乡村的自然景观、农耕文明、传统魅力等独特资源优势，保护修复乡村的自然基底和生态循环系统，充分依托和运用现代科技，紧紧抓住市场发展的新趋势和新机遇，积极构建现代农业生产体系、产业体系和经营体系，大力发展"互联网 +""生态 +""旅游 +"等城乡融合的产业模式，促进一二三产融合发展，激发乡村活力，推动农业增效、农民增收和农村繁荣。

图 1-18　浙江龙井茶园 *

·保护农耕文明遗产，让农产品经典焕发时代光彩

发掘与保护农业文化遗产，通过地理品牌的塑造提升增加经典农产品等的附加值，打造生态宜居的乡村环境，让农产品成为当代乡村的"靓丽名片"（图 1-18）。

·推动农业现代化，为农业插上现代科技的翅膀

依靠科技进步推动农业现代化，"给农业插上科技的翅膀"。在保障粮食质量安全供给的同时，着力提升农业劳动生产率和农产品品质，使农业成为乡村产业体系中最基础、最核心的竞争力。

·重塑农业生态循环系统，发展绿色健康农产品

重塑农业生态循环系统，是未来发展方向、也是现实的民生所需，还是乡村产业升级的市场需求和内在动力。要大力发展绿色农业、有机农业、生态农业，为老百姓提供安全、放心、健康、绿色的农产品。

·发展"互联网 + 农业"，让生鲜食品快捷走入千家万户

把握互联网经济发展的机遇，有效规避传统农业生产存在的市场信息滞后、盲目生产等风险，强化电商企业与小农户、家庭农场、农民合作社等产销对接，使互联网成为乡村经济发展的助推器。

·延伸农业产业链条，提高农产品加工等价值链

赋予乡村新的发展动能，让乡村焕发新的时代魅力，需要在新背景下延展农业链条，积极构建现代化的生产体系、产业体系和经营体系，吸引人们前来体验、消费、投资和创新。

·挖掘乡村多元价值，让田园美景成为发展的资源

"采菊东篱下，悠然见南山"，保护乡村的田园景观、乡土风貌和质朴生

活，让它们成为带动乡村发展和农民致富的资本。在市场潜力大、山水环境
较好的农村，建立以家庭游为核心的体验式经济，发展本土特色休闲农业，
推动形成新型城乡产业融合发展模式。

·发展乡愁经济，让乡土文化传统工艺焕发时代魅力

广袤的乡村地区是传统文化的发生、繁衍、生息之地。要积极保护传承
乡村的历史文化遗产，加强宣传教育，激发本土村民保护意识，实现保护与
发展的良性循环。

·让土地休养生息，系统修复改善乡村环境

"山水林湖草是一个生命共同体"，要统筹推进乡村的生态环境的系统治
理和生态修复，以此为基础深入挖掘和彰显乡村的自然特色和比较价值，推
动绿色农业等与乡村环境改善协同发展。

统筹城、镇、村布局

尊重城乡发展演变规律，充分发挥县域对推进乡村振兴以及就地就近城
镇化的重要作用，因地制宜科学推动城、镇、村协调发展，集约推动建立城
乡均等的公共服务和基础设施体系，推动城乡协调发展（图1-19）。

图1-19　陕西青木川镇 *

·发挥县域城乡协调发展主阵地的作用

充分发挥县域主阵地作用，把积极推进县域就地就近城镇化作为重要突
破口，通过县域内城镇村空间优化和产业布局调整，引导县域人口的有序流
动，推动城镇公共服务和基础设施向乡村辐射，促进城乡基础设施的互联互
通、共建共享，实现城、镇、村协调发展和城乡融合发展。

·因地制宜科学推动城、镇、村协调发展

各县域应因地制宜、系统谋划、科学布局，分区域、分类型推动县域城、
镇、村协调发展。突出发挥县城龙头带动作用，因地制宜推动小城镇的特色

化、多元化发展，分类指导乡村差异化发展。通过城、镇、村在产业发展、公共服务、基础设施、资源能源、生态保护等各个方面的统筹布局和协调联动，形成现代城镇与乡村各具特色、交相辉映的城乡发展格局。

· 集约推动城乡基本公共服务均等化

城乡基本公共服务应系统规划、合理布局、统筹建设，坚持设施供给的公平和效率兼顾，坚持城乡统筹的均衡与差别有序，坚持政府保障兜底和市场补充完善的有机结合。着力加强教育、医疗、文化、社会保障、道路、给水、污水、垃圾等公共服务，建立健全以县城为核心、"县－镇－村"衔接配套的服务体系。

建立政府、社会、村民共建共治共享机制

探索自治、法治、德治相结合的乡村善治之路，必须充分发挥中国特色社会主义制度的独特优势，健全乡村治理体系，提升乡村治理能力，加强基层党组织领导，充分发挥党支部的战斗堡垒作用；积极完善村民自治机制，激发农民的主体作用；吸引社会力量参与，促进优质资源流向乡村；以乡村人居环境建设为载体和突破口，探索构建"共建共治共享"的社会治理体系，推进乡村建设发展，加快实现乡村振兴（图1-20）。

图 1-20　乡村环境风貌 *

· 让基层党组织成为乡村发展的"领头羊"

夯实党在农村基层执政的组织基础，完善村党组织领导乡村治理的体制机制，加强村级组织带头人队伍建设，"培养造就一支懂农业、爱农村、爱农民的'三农'工作队伍"，带动乡村振兴、农民致富，充分发挥党员在乡村治理中的先锋模范作用。

· 创新与完善村民自治机制，发挥村民主体作用

尊重农民的主体地位，提升村民自组织能力，丰富村民议事协商形式，完善村民利益表达机制，推进村级事务"阳光公开"，充分调动村民建设家园、

参与治理、推动发展、分享成果的积极性、主动性，增强村民的责任感、荣誉感、归属感。

·吸引社会力量参与乡村建设，引导优质资源流向乡村

引导和发动社会力量助力乡村发展，积极推动人才、技术和资本等优质资源向乡村流动，探索设计师、规划师等专业技术人员下乡参与乡村建设，注重挖掘培养乡村工匠等本土人才，提升乡村规划建设水平。

·以美丽宜居乡村建设为载体，探索共建共治共享机制

从乡村人居环境建设和农村环境整治工作入手，探索建立共建共治共享的社会治理新格局，通过决策共谋、发展共建、建设共管、效果共评、成果共享，推进人居环境建设和整治由政府主导向社会多方参与转变。

02

推动基于乡村多元价值的绿色发展

- 乡村要以绿色农业为基础，按照"产业生态化、生态产业化"要求，推动一二三产融合发展。应以低环境影响为基本选项，传承"尊重自然、顺应自然、保护自然，并按自然规律办事"的中华传统智慧，深入挖掘生态文明时期乡村的多重功能和多元价值，在城乡互补、协调发展的过程中发挥乡村在绿色农业、自然风光、田园美景、乡土风情、传统文化等方面的比较优势。

2.1 当代乡村的多元价值

事实上，随着时代的发展进步，乡村的功能已不仅限于农业生产地和农民居住区的传统定义。1996 年，世界粮食首脑会议通过的《世界粮食安全罗马宣言》和《世界粮食首脑会议行动计划》中提出了农业的多功能特点。1999 年，联合国粮农组织召开了国际农业多功能专题会议。2000 年发布的《欧洲 21 世纪乡村发展宣言》指出"可窥知农业、乡村与发展三者一直是重要国际组织所关切的议题，因为乡村地区兼具可再生资源与粮食生产基地，维持生态平衡，以及提供乡村居民贸易、文化、休闲、居住与生活的多重功能空间"。

借鉴国际多功能农业和乡村发展理念，结合中国国情和实际，我们认为，当代中国乡村具有"4+2"的多重功能和多元价值。其中，乡村地区普遍拥有的四种价值是：农产品供应和食品安全、生态屏障和生物多样性保护、乡土文化保护和传承，以及社会稳定和保障功能；一部分乡村如发展引导得当，还可以成为特色产业发展的重要空间和诗意栖居的理想场所（图 2-1）。

图 2-1　当代乡村多元价值

2.1.1 农产品供应和食品安全功能

农业生产是乡村最原始、最基本的功能。对于中国这样一个近 14 亿人口的大国,粮食安全问题始终是关乎国计民生和社会安全稳定的头等大事。要用仅占全球 9% 的耕地养活占全球 20% 的中国人口,就必须发展好农业,保护好耕地和乡村空间。

2.1.2 生态屏障和生物多样性保护功能

乡村是绿色发展的生态基底,是消除与平衡城市碳足迹和碳排放的重要保障。数据显示,截至 2017 年底,中国大陆城市建成区面积不到 20 万平方公里,只占整个国土面积的 2% 左右,而广袤的乡村则涵盖了绝大部分的生态空间。因此,乡村不仅是整个城乡人居环境的生态屏障,为人们提供新鲜的水、空气、绿色资源和开放的休闲空间等,还是各类生物繁衍生息的主要栖息地,呈现出丰富的生物多样性特征(表 2-1)。

生态文明时期乡村的生态功能　　　　表 2-1

生态产品供给功能	农产品供给	粮食、蔬菜、瓜果、肉蛋奶等
	自然资源供给	水、土地、矿产、林木等
	生态空间供给	休闲娱乐、农业观光、避难场所等
生态调节优化功能	净化功能	水、大气、土壤净化等
	调节功能	气候、大气水分、温度调节(减缓温室效应)等
	保持功能	水源涵养、土壤保持、生物多样性保持等
	储存功能	废弃物卫生填埋等
生态文化教育功能	自然生态科普教育	地理地貌、生物与自然资源教育等
	乡土文化感受体验	传统村落、传统建筑、乡土手工艺等
	传统文化美德传承	节庆习俗、文明家风、传统礼仪等

资料来源:作者自绘,部分参考:彭文英、戴劲:《生态文明建设中的城乡生态关系探析》,《生态经济》,2015 第 8 期

2.1.3　乡土文化保护和传承功能

乡村是中华民族的精神家园与文化根脉，凝聚着乡愁，承载着记忆。历史文化名村和传统村落是祖先和大自然有机融合生产、生活方式的见证和营建智慧的结晶，丰富多彩的风俗节庆、戏曲音乐、民间手工艺等文化元素在乡村中传承至今，是"乡愁"的典型表达（图 2-2）。

图 2-2　历史文化名村、传统村落及乡村民俗文化

资料来源：江苏省住房和城乡建设厅城建档案办公室

2.1.4　社会稳定和保障功能

农村是农民就业的"蓄水池"，在经济波动时期，它也是农民就业的稳定器。乡村发展提供的就业机会和土地制度保障，对于缓减全社会就业压力、稳定社会关系具有基础性的重要作用（图 2-3）。

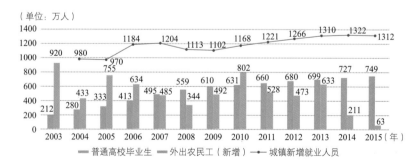

图 2-3　近年来城镇新增就业人口数量显示，进城务工的农民工数量与比例呈现持续下降趋势

图片来源：李晓江、郑德高：《人口城镇化特征与国家城镇体系构建》，《城市规划学刊》2017年第 1 期

2.1.5　诗意栖居的场所功能

乡村优美的田园风光、良好的生态环境和相对慢节奏的生活方式，是拥挤、紧张、高效都市生活方式的极好平衡，正吸引着越来越多都市人前来体验。未来美好的乡村空间，可以成为诗意栖居生活方式的选择，实现人们对"采菊东篱下，悠然见南山"生活方式的向往（图2-4）。

图2-4　浙江莫干山民宿 *

2.1.6　特色产业的发展功能

城镇化的快速发展和城市人口的集聚为乡村发展提供了巨大的市场。消费经济的快速增长，推动了特色农产品、乡村旅游等乡村特色产业快速发展，成为扩大内需、推动经济发展的重要增长点（图2-5）。而乡村地区的交通、通信方式便捷化以及物联网、互联网、冷链物流体系的构建，更给未来乡村新经济形态的发展创造了无限的可能。

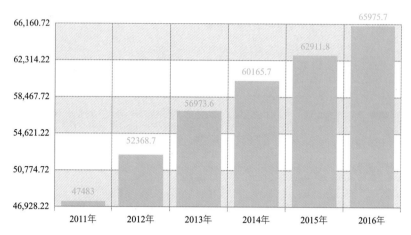

图 2-5　全国农林牧副渔增加值（单位：亿元）

图片来源：《中国休闲农业和乡村旅游"井喷式"增长》，[DB/OL]. http://www.crttrip.com/showinfo-6-2841-0.html

据农村农业部资料显示，2017 年我国休闲农业和乡村旅游各类经营主体已达 33 万家，比 2016 年增加了 3 万多家，营业收入近 5500 亿元人民币，整个产业呈现出"井喷式"增长态势。

"仓廪实，天下安""中国人的饭碗任何时候都要牢牢端在自己手中"。[1] 要使仅用全球 9% 的耕地支撑全球 20% 人口的中华民族生存和发展，就必须留得住农民、农业生产和生态空间。而留住农民的关键是乡村的产业发展和经济活力，因此"产业兴旺"是乡村振兴"二十字"总要求的重中之重。"绿水青山就是金山银山"，[2] 乡村的多元价值和功能决定了乡村的产业发展、农民致富，不能再走"村村点火、户户冒烟"的传统工业化老路，不能照抄城市先二产、再三产的产业升级路径，更要防止打着乡村振兴的旗号把污染企业向乡村转移。要以绿色发展理念为指引，充分挖掘每个村庄的独特资源，因地制宜探寻乡村发展的多元路径，推动乡村产业的融合发展。

1　2013 年 12 月，习近平总书记在中央农村工作会议上的讲话。

2　2018 年 12 月，习近平总书记在庆祝改革开放 40 周年大会上的讲话。

2.2 保护农耕文明遗产，让农产品经典焕发时代光彩

乡村，生长在阳光下，扎根于泥土中。一方水土养一方风物，不同地区的气候、阳光、水、土壤乃至微生物等环境因素和农民的生产耕耘方式共同生成了世界各地多样化的、各具特色的独特物产和资源禀赋（图2-6、图2-7）。

图 2-6　垛田景观 *

图 2-7　梯田景观 *

中国作为农耕历史悠久、农业文明漫长、农业类型多样的国家，在数千年农耕文明的发展过程中，形成了一大批种类多样、特色明显的农业文化遗产和农产品经典地理品牌。目前中国的"全球重要农业文化遗产"数量位居世界第一。

联合国粮食及农业组织将全球重要农业文化遗产（Globally Important Agricultural Heritage Systems）定义为："农村与其所处环境长期协同进化和动态适应下所形成的独特的土地利用系统和农业景观，这种系统与景观具有丰富的生物多样性，而且可以满足当地社会经济与文化发展的需要，有利于促进区域可持续发展"。[1] 在全球重要农业文化遗产框架下，中国自2013年起先后公布了四批91项中国重要农业文化遗产（表2-2）。

这些农业文化遗产，既是中华农耕文明辉煌的见证，也是生态价值与经济效益高度统一的农产品经典地理品牌，要在保护传统农道的基础上运用现代技术方法和营销手段进一步塑造品牌、提升品质、拓展市场，守住根本，并与时代共同前进。

1　李永杰：《农业文化遗产助力乡村振兴》，《中国社会科学报》2019年2月20日。

中国的"全球重要农业文化遗产"名录　　表 2-2

项目名称	入选时间	所在地区
青田稻鱼共生系统	2005 年	中国浙江
万年稻作文化系统	2010 年	中国江西
哈尼稻作梯田系统	2010 年	中国云南
从江侗乡稻鱼鸭系统	2011 年	中国贵州
普洱古茶园与茶文化	2012 年	中国云南
敖汉旱作农业系统	2012 年	中国内蒙古
绍兴会稽山古香榧群	2013 年	中国浙江
宣化城市传统葡萄园	2013 年	中国河北
福州茉莉花种植与茶文化系统	2014 年	中国福建
江苏兴化垛田传统农业系统	2014 年	中国江苏
陕西佳县古枣园	2014 年	中国陕西
浙江湖州桑基鱼塘系统	2017 年	中国浙江
甘肃迭部扎尕那农林牧复合系统	2018 年	中国甘肃
中国南方稻作梯田	2018 年	中国广西、福建、江西、湖南
山东夏津黄河故道古桑树群	2018 年	中国山东

资料来源：佚名：《全球重要农业文化遗产中国名录》，http://www.360doc.com/content/18/0703/07/7499155_767266556.shtml

1 资料来源：
[1] 佚名：《大丰镇成功举办"五月妃子笑，相约荔枝园"——澄迈大丰妃子笑荔枝推介活动》，http://www.chengmai. gov.cn/zhengwu_read.jsp?id=99236.
[2] 佚名：《司迺超县长心系大丰荔枝产业发展，情牵果农增收》，http://www.chengmai. gov.cn/zhengwu_read.jsp?id=99238.
[3] 佚名：《澄迈：商标富农，荔枝甜，果农笑》，http://www.chengmai. gov.cwn/zhengwu_read.jsp?id=99282.
[4] 陈卓斌：《澄迈"妃子笑"荔枝下周上市，微商已下单预购近 40 万斤》，[DB/OL]. http://news.hainan.net/hainan/shixian/qb/chengmai/2017/05/12/3407213.shtml.

海南大丰镇：让农产品经典焕发时代光彩 [1]

大丰气候温暖，土地肥沃，有着悠久的荔枝种植历史，且因多为"富硒土壤"，微量元素丰富，所产荔枝不仅口感好，还具有很高的营养价值，有"青山绿水廿万顷，十里常逢百岁人"的美名。自 1992 年起，大丰镇开始推广妃子笑荔枝的规模化、产业化发展，并成功注册了"丰佳荔"品牌（图 2-8），推动特色农业品牌化发展，为传统农产品赋予了新的活力。围绕荔枝的销售，大丰将互联网平台与采摘平台无缝衔接，探索出一套"电商＋物流"的荔枝销售模式（图 2-9）。注重荔枝种植区和冷藏区整体布局，让刚采摘下来的新鲜荔枝可以直接在园区冷库中打包分装，并在单车运载量、车次安排、储存技术等方面持续的优化提升，为冷链物流的高效率运转提供保障，有力推动了产品的销售，带动了村民致富。

图 2-8 "丰佳荔"牌妃子笑荔枝　　图 2-9 果农采摘"妃子笑"荔枝

2.3 推动农业现代化，为农业插上现代科技的翅膀

　　农业的根本出路在于现代化，"要给农业插上科技的翅膀，按照增产增效并重、良种良法配套、农机农艺结合、生产生态协调的原则，促进农业技术集成化、劳动过程机械化、生产经营信息化、安全环保法制化，加快构建适应高产、优质、生态、安全农业发展要求的技术体系"。[1]

　　科技改变未来。在当今科技日新月异的变革时期，现代科技是乡村振兴的神奇翅膀。要构建现代农业产业技术体系，充分运用农业科技和现代信息技术等，大幅度提高农业精准化水平，让农业生产更加精准、更加高效，彻底改变"农业望天吃饭"的格局，并探索通过互联网与大数据的有机融合，发展"订制农业"等新型现代农业生产经营方式，精准指导农业生产和市场销售。

荷兰：高效设施农业[2]

　　荷兰人多地少，国土面积仅 4.15 万平方公里，人均耕地只有 0.06hm²，且因地势和气候原因，先天环境十分不利于露天大田作物生长。然而今天，国土面积只有美国 1/225 的"小国"荷兰已经成为全球第二大的农产品出口国。创造这一农业奇迹的正是现代科技的力量。

1　2013 年 11 月，习近平总书记在山东农科院召开座谈会时的讲话。

2　资料来源：
[1] 夏玉兰：《荷兰经验：江苏高效规模农业的借鉴》，《群众》2009 年第 1 期。
[2] 厉为民：《荷兰的农业奇迹———一个经济学家眼中的荷兰农业》，中国农业科学技术出版社。
[3] 周岚、陈浴宇：《田园乡村　国际乡村发展 80 例 乡村振兴的多元路径》，中国建筑工业出版社，2019，118-121 页。

20世纪50年代开始，荷兰通过鼓励"政府部门、农业企业、知识研究机构"的金三角农业科技创新，大力发展以温室农业为代表的高效设施农业（图2-10），通过智能化管理，温室作物生产效益比露天生产高出5~6倍，逐步形成了以"高投入——更高的产出"为特征的荷兰农业模式，使有限的土地产生了可观的经济效益。

图 2-10　荷兰温室农业

2.4 重塑农业生态循环系统，发展绿色健康农产品

中华传统智慧强调"天人合一""道法自然"，按照大自然规律办事，取之有度，用之有节。农耕文明时期，我们的祖先在大地上辛勤耕耘，精耕细作，粪肥还田，形成了生态自然的循环经济耕种模式。

但必须正视的是：目前这一传统正受到严重冲击，频繁发生的食品安全事件已成为民生之患。因此围绕为老百姓提供安全、放心、健康、绿色的农产品，必须重塑农业生态循环系统，大力发展绿色农业、有机农业、生态农业，这既是未来发展的方向，也是现实的民生之需，还是乡村产业升级的市场需求和内在动力。

一个村即便什么资源都没有，最起码可以回归诚实和传统农道，回归绿色循环农业，做绿色农业，卖有机农产品。政府要提供的服务是建立完善绿色产品标准体系，改善乡村生态环境，支持绿色农业品牌发展，推广绿色产品标识认证，建立农产品原产地可追溯制度，建立绿色产品信用体系，给绿色消费以市场信心。

山东安丘：世界的"菜篮子"

安丘位于山东半岛中部，是一个传统的农业县，有着悠久的蔬菜生产加工历史，也是山东省第一个供港蔬菜备案基地（图2-11）。为了提高农产品质量安全，打开全球市场的大门，2007年，安丘在全国率先创新构建食品农产品质量安全区域化管理机制，把全县打造成"源头无隐患、投入无违禁、管理无盲区、出口无障碍"的出口食品农产品质量安全示范区，被国家质检总局总结为"安丘模式"。自2007年以来，其农产品出口11年连续增长，年出口农产品150多万吨，远销美、日、韩、欧盟等50多个国家和地区，一个县的蔬菜出口量占2017年全国蔬菜出口总量的7.5%，并且出口农产品抽检合格率100%，成为名副其实的中国蔬菜出口第一县。2013年以来，安丘优质品牌农产品为农民增收5.6亿多元。

安丘在打造符合出口食品农产品质量安全的种植养殖示范区域过程中，实现了对种植计划、供应种苗、供应药肥、防治虫害、检测农残、收购加工的统一管理。在此基础上探索形成了相对完善严格的质量监控体系，将农产品质量监控关口前移，把用肥、用药、大气、水质和种植区的环境要求全部纳入新的质量控制体系，特别是对化学投入品实行了专营封闭式管理和无缝隙监控。并在贯彻实施已有国家标准、省级标准的同时，抓住被列入山东省"绿卡行动"计划的机遇，参照日本、欧盟等国际农业操作规范，逐步形成了以国家标准、行业标准为主体，地方标准相配套，与国际标准接轨的农业标准体系。

图 2-11　安丘乡村景观

图片来源：https://image.baidu.com/search/detail?ct=503316480&z=0&ipn=d&word= 安丘

2.5 发展"互联网+农业"，让生鲜食品快捷走入千家万户

信息化改变了要素流通、配置、组织的时空格局，为城乡关系的发展提供了新的可能。互联网拉近了乡村和消费者的距离，让原本"深藏难露"的优质农产品直接、便捷地展现在消费者面前，让小小的乡村、甚至个体农户可以链接上全国乃至全球市场。近年来淘宝村的不断涌现和快速增长（图2-12），展现了中国乡村发展的一种新范式，即乡村地区可以跨越工业时代直接进入信息时代。

要加强农村信息基础设施建设力度，提高乡村宽带速率，大力推动"互联网+农业"，大力发展农村电商，通过教育培训、支持帮扶、互助合作等多种方式，帮助农民建立线上线下服务交易平台，支持鼓励乡村"创客"发展。

在此基础上，要打通农产品供应链条，加快完善乡村物流配送网络和网点，减少中间环节，降低农产品物流成本。支持鼓励发展"生鲜电商+冷链宅配""中央厨房+冷链食材配送"等冷链物流新模式，建立产后预冷、贮藏保鲜、分级包装、快捷配送等冷链体系，畅通农产品上行通道，让生鲜的农副产品快捷地从田头到市场，快速走向千家万户。

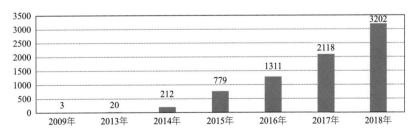

图2-12　全国"淘宝村"数量从2009年的3个增长到2018年的3202个

图片来源：阿里研究院：《2018年中国淘宝村研究报告》，2018年

浙江白牛村："互联网+"带动乡村致富[1]

白牛村地处浙江省临安市昌化镇西部，是传统的山核桃产地，山核桃种植、加工已有五百多年的历史（图2-13），但销售渠道单一，市场有限。依托便捷的交通和发达的网络资源，白牛村开办了第一家山核桃网店"山里福娃"，带动了乡村电商队伍的发展，成为首批"中国淘宝村"（图2-14）。农民人均收入得到大幅提升，从2007年的0.94万元增长到2014年的2.47万元。2017年白牛村的山核桃网销额已经达3.5亿元，全村年销售额500万元以上的电商户有12户。目前，"白牛模式"已在全国30多个县市复制推广。

建立电商协会，统一标准。在当地政府鼓励引导下，白牛村成立了杭州首家村级电子商务协会，通过协会将各自为战的个体商户凝聚在一起，在降低经营成本、统一包装、品牌宣传等方面起到重要的作用，并将原先的"相互压价、恶性竞争"转变为"强强联合、资源共享"。如，协会出面与快递企业签订快递业务合同，在提高物流速度的同时，大幅降低了物流成本。

建设产业集群，培育人才。加大支持力度，规划建设白牛村电商产业创业园，通过创业园建设积极引进人才，为创业企业提供入驻场地，给予两年内免租金、免税金等优惠政策。加大人才培训力度，开设种植、销售、研发、包装等方面课程，对相关人员提供各类培训。推动与周边村庄联动发展，形成电商产业集群拓展跨境电子商务活动，将白牛村的山核桃销往世界各地。

1 资料来源：
[1] 包璇漪：《难以寻觅的小山村白牛村，"网"事一幕幕》，http://zjnews.zjol.com.cn/system/2013/09/24/019609474.shtml.
[2] 佚名：《关于白牛村电子商务的发展报告》，http://www.docin.com/p-2083642229.html.
[3] 佚名：《白牛村发展农村电商村民年收入超50万元》，http://www.cnhnb.com/xt/article-42528.html.

图2-13 白牛村鸟瞰

图2-14 白牛村淘宝店家

2.6 延伸农业产业链条，提升农产品加工等价值链

农业产业链条的建立，应围绕优质农产品的提质增效，基于乡村的独特物产资源，把传统的农业种养延伸拓展到生产、加工、销售、体验、服务等方面，实现以现代农业为基础的一二三产业融合发展，提升农产品价值链。

1　资料来源：

[1] 张夷：《波尔多葡萄酒业兴盛的成因研究》，杭州师范大学，2015 年第 7 期。

[2] 施健中：《美酒之乡——波尔顿》，《城市管理与科技》2014 年第 16 卷第 4 期。

[3] 佚名：《波亚克：波尔多左岸最贵葡萄酒村，没有之一》，http://www.sohu.com/a/123232023_105404.

[4] 佚名：《法国酒产业发展之路：葡萄酒与旅游》，http://www.sohu.com/a/148878809_266939.

法国波亚克村：打造世界级优质葡萄酒产业链 [1]

法国波亚克村利用其葡萄种植的优势，发展葡萄酒产业。通过高标准的种植、选取和酿造等全过程管理，保证了葡萄酒产业的超高品质，并获得全世界的广泛认可。在此基础上，波亚克村积极拓展葡萄酒观光体验活动（图2-15），包括参观葡萄的种植、采摘、酿造、储存、品鉴等过程（图2-16、图2-17）、参与葡萄酒酿造培训、体验葡萄酒美容理疗等，成功带动乡村一二三产业融合，打造了世界著名的葡萄酒品牌的同时也推动了乡村经济的蓬勃发展。

图 2-15　波亚克村内葡萄园

图 2-16　波亚克村内村民采摘葡萄装车运送

图 2-17 酒庄内葡萄酒酿造与储存

2.7 挖掘乡村多元价值，让田园美景成为发展的资源

乡村作为有别于城市的景观和生产生活方式，随着中国城镇化进入后半程，其生态价值、文化价值、社会价值以及经济价值等多元价值日益凸显。

当久居城市的人们与自然日渐疏离，乡村充满野趣的自然环境和悠闲的生活方式等成为发展的宝贵资源。乡村闲适的慢生活与都市的繁华喧嚣形成鲜明反差，"绿树村边合，青山郭外斜"的乡村自然环境，可以舒缓都市人喧嚣紧张的压力，调节都市人的身心健康。乡村"三生"融合的空间环境，以及田野纵横、阡陌交织、鸡犬相闻、乡里温情等要素，正吸引越来越多的城里人去体验，"采菊东篱下，悠然见南山"的乡村让城市居民更向往。

要抓住城市休闲消费、文化消费、体验经济等新需求，深入挖掘农业农村的生态涵养、休闲观光、文化体验、健康养老等多种功能和多重价值，积极发展集农业生产、观光、度假、体验、消费等于一体的特色农业，推动形成"生态+""农业+""旅游+"等新型城乡产业融合发展模式（图 2-18），让田园景观、乡土风貌、乡村生活成为带动乡村发展和农民致富的乡村资本，通过城乡差别化的发展路径推动城乡融合发展以及城乡之间的"各美其美、美美与共"。

图 2-18　农场采摘已经成为都市人最喜爱的亲子活动之一 *

1 资料来源：http://js.xhby.
net/system/2017/08/24/
030733232.shtml.

江苏特色田园乡村建设行动[1]

江苏特色田园乡村建设行动围绕特色、田园、乡村三个主题词，打造特色产业、特色生态、特色文化，塑造田园风光、田园建筑、田园生活，建设美丽乡村、宜居乡村、活力乡村，通过挖掘人们心底的乡愁记忆和对桃源意境田园生活的向往，重塑乡村魅力和吸引力，令"乡村让城市更向往"，把乡村美景、美食和田园意境转化为发展的资源，带动乡村综合振兴（图 2-19）。

图 2-19　江苏特色田园乡村省级示范村——昆山祝家甸村

2.8 发展乡愁经济，让乡土文化传统工艺焕发时代魅力

广袤的农村是传统文化的发生、繁衍、生息之地，是中华民族的精神家园和文化根脉。习近平总书记的一句"记得住乡愁"触动了每一位中国人心灵深处的共同记忆，"保护好乡愁"可以成为乡村振兴的重要力量。

乡愁的重要物质载体是历史文化名村和传统村落。俄国文豪果戈理说"当歌曲和传说已经缄默的时候，建筑还在说话。"历史文化名村和传统村落以及其中的历史建筑，融自然、礼制、习俗等为一体，是祖先和大自然共生集体智慧的结晶，它为我们日益无法安放的乡愁提供了重要的居所，因此必须保护传承好。

另一方面，这些历史文化名村和传统村落，以及乡土文化、传统手工艺、民俗风情，通过科学保护、积极传承以及合理利用，不仅可以实现古旧与新兴、传统与现代的有机融合，让乡村重拾文化自信，还可以成为乡村振兴的文化软实力，带动乡村发展振兴（图2-20）。

图 2-20　安徽宏村古建筑群 *

1　资料来源：

[1] 侯晓蕾：《疏浚、排水和
开垦——荷兰低地圩田景
观分析》，《风景风林》
2015 年第 8 期。

[2] 佚名：《2017 欧洲特色小镇
与现代农业考察之荷兰篇
（四）》，https://www.sohu.
com/a/211373003_761527.

[3] 张弛、张京祥、陈眉舞：
《荷兰城乡规划体系中的
乡村规划考察》，《上海城
市规划》2014 年第 4 期。

[4] 佚名：《荷兰羊角村，中
国乡村旅游学习参考的典
范》，http://www.sohu.com/
a/199599746_576215.

荷兰历史文化名村羊角村：原汁原味保护村庄风貌 [1]

二战后，伴随着农业技术的进步，荷兰大量村庄为了适应现代化农业生产方式，采用以路代河、填水扩地的做法，土地变得辽阔而平整，虽然更有利于大规模的机械化生产，却使许多独具特色的乡村景观变得趋同。

然而，羊角村却另辟蹊径，通过保留乡村河道，尽可能减少道路建设，维系传统地貌格局、建筑形式和景观环境，留住了舒适安宁的田园风光、纵横交错的运河水道和历史悠久的茅草小屋（图 2-21）。正是由于羊角村选择了保护优先的发展路径，使人们能够在这里找寻到荷兰乡村的历史风貌，使之成为炙手可热的旅游胜地，每年 80 万的游客量，为羊角村创造了可观的经济收益。

图 2-21　羊角村环境

江苏特色田园乡村徐州马庄村：彰显传统文化魅力

江苏徐州马庄村在塑造特色田园乡村过程中，深度挖掘当地传统手工艺香包制作潜力，发挥当地香包制作历史悠久的优势，成立国家级非物质文化遗产传承人王秀英领衔的民俗文化手工艺合作社，申请"马庄香包"地理标志产品，在原料及制作工艺方面申请多项专利，培育中药香包制作专业能手几百人，并积极研发香包、面塑、剪纸、线艺等相关民俗工艺品，通过乡村文化软实力实

现了乡村振兴发展。2017 年十九大后，习近平总书记来马庄村调研，还花 30
元买村民手工香包，为乡土文化、乡土手工艺"捧场"（图 2-22）。

图 2-22　制作马庄香包

2.9　让土地休养生息，系统修复改善乡村环境

习近平总书记指出："山水林田湖是一个生命共同体，人的命脉在
田，田的命脉在水，水的命脉在山，山的命脉在土，土的命脉在树"。因
此要加快构建生态功能保障基线、环境质量安全底线、自然资源利用上
线三大红线，统筹推进山水林田湖草的系统治理和生态修复（图 2-23）。
加强永久基本农田保护，推动实施耕地轮休耕作，让土地休养生息，在
全面推进化肥农药"2020 年零增长行动方案"的基础上推动化肥农药使
用持续减量，推进科学施肥、测土配方施肥，增加有机肥资源利用，加
强污染土壤治理和修复，不断提高耕地质量，建设高标准农田；完善天
然林保护制度，加强农田防护林建设，因地制宜种植乡土适生树种或经
济林果，用苗木、瓜果、蔬菜、花卉等加强村庄绿化、庭院绿化，既增
加乡村绿量，又增加农民收入；扎实推进农村人居环境整治行动，重点
做好垃圾收集、卫生改厕、河塘清淤、生活污水治理。加强农村废弃物
资源利用，提高畜禽粪污利用率，推广"畜 - 沼 - 果（菜、粮、桑、林）"
等循环利用模式，推动绿色农业和乡村环境改善协同发展。

图 2-23　农田景观

绿水青山就是金山银山：浙江安吉余村

　　浙江安吉余村因地处天目山北坡余岭而得名，是习近平总书记"两山"重要思想发源地。20 世纪 90 年代，余村依靠丰富的石灰岩资源，发展"石头经济"，还一度成为安吉名副其实的首富村。但随之而来的是粉尘蔽日，竹林失色，河水变浊，村民深受其害（图 2-24）。2005 年时任浙江省委书记

图 2-24　20 世纪 90 年代的余村

图片来源：佚名：《生态典范 安吉余村（连载）》，《浙江林业》2018 年第 6 期

习近平同志到该村调研，首次明确提出"绿水青山就是金山银山"的科学论断。依照习近平同志要求，余村人果断关停了每年能给村里带来 300 万元经济效益的 3 个石灰矿，开始尝试通过保护生态环境，发展休闲旅游，吸引城里的游客，既获得了经济效益，又换回了绿水青山。仅 10 年，余村就实现了从"卖石头"到"卖风景"的山乡蝶变，形成了三面青山环绕，绿水潺潺，竹海绵延的自然风光（图 2-25）。

图 2-25　如今青山绿水环绕的美丽余村

03

统筹城、镇、村布局，推动城乡协调发展

● 中共中央、国务院印发的《乡村振兴战略规划（2018—2022年）》明确提出要"坚持乡村振兴和新型城镇化双轮驱动"，这就决定了不能"就乡村论乡村"，而必须尊重城乡发展演变规律，充分发挥县域对推进乡村振兴以及就地就近城镇化的重要作用，因地制宜科学推动城、镇、村协调发展，集约建立城乡均等的公共服务和基础设施体系，推动城乡协调发展。

3.1 发挥县域城乡协调发展主阵地作用

改革开放以来，中国城镇化、工业化的快速推进，推动了农村剩余劳动力大规模从农村到城市、从欠发达地区到发达地区的跨区域流动，大量的农民工提供了充沛的劳动力资源，支撑了经济社会的高速发展。与此同时，由于大中城市落户门槛高、生活成本大、社会保障不足、文化认同弱等一系列问题，让外来农民工很难真正融入城市实现市民化，产生了学者们所谓的"半城镇化"现象。大量人口的跨区域异地流动削弱了欠发达地区的乡村发展能力，引发了农村"留守"现象和"空心化"等社会问题。

1 李晓江、郑德高：《人口城镇化特征与国家城镇体系构建》，《城市规划学刊》2017年第1期，第25-35页。

2 国家统计局：《2015全国农民工监测调查报告》，2013年4月28日，http://www.stats.gov.cn/tjsj/zxfb/201604/t20160428_1349713.html。

可喜的是近年来随着国家区域协调发展战略的实施推进，中西部欠发达地区产业的发展能力和就业吸引力逐渐增加，城镇化中的人口流动呈现出从跨省跨区域流动向就地就近流动转移的趋势（图3-1、图3-2）。在这一过程中，县城、小城镇因工农兼业、"城乡双栖"等灵活的就业、居住形式和相对较低的生活成本，成为农村剩余劳动力就业的重要地区（图3-3）[1]。据统计，2015年全国2.77亿农民工中有三分之一以上集聚在县级单元[2]。2000—2010年，县城及镇的城镇人口增长约8000万，占全国比重由22.2%提升到27.6%，全国新增城镇人口中54.3%在县城（表3-1），县域成为就地就近城镇化的重要载体。

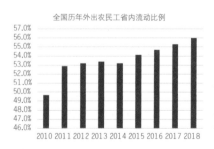

图 3-1　2010-2018 年全国外出农民工省内流动比例逐年上升。

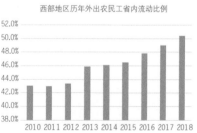

图 3-2　2010-2018 年西部地区外出农民工省内流动比例逐年上升。

图片来源：作者自绘。

数据来源：国家统计局，2010-2018 年《全国农民工监测调查报告》，http://www.stats.gov.cn。

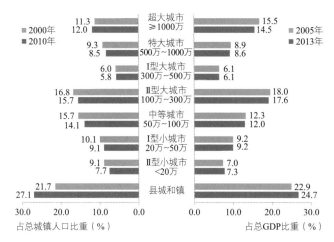

图 3-3　在不同城镇层级中，县城、镇层级所占人口和 GDP 比重最高。

图片来源：李晓江、郑德高：《人口城镇化特征与国家城镇体系构建》，《城市规划学刊》2017 年第 1 期，第 25-35 页

2000—2010 年县级单元与地级市及以上市辖区人口增量情况 表 3-1

人口增量 范围	地级市及以上市辖区		县级单元	
	城镇人口增量 （万人）	占比（%）	城镇人口增量 （万人）	占比（%）
全国	9600.7	45.70	11391.3	54.30
其中 东部	5493	55.70	4372	44.30
中部	1617.5	29.60	3838.5	70.40
西部	1945	40.10	2904.9	59.90
东北	545.2	66.40	275.9	33.60

资料来源：李晓江、尹强：《〈中国城镇化道路、模式与政策〉研究报告综述》，《城市规划学刊》2014 年第 2 期，第 1-14 页

　　"郡县治，则天下治"。县作为我国行政体系演变中最为稳定的一环（表 3-2），在国家发展和治理中一直具有重要地位。2015 年习近平总书记在与中央党校县委书记研修班学员座谈时，明确指出在新时代国家治理体系的格局中，"县级政权所承担的责任越来越大，尤其是在全面建成小康社会、全面深化改革、全面依法治国、全面从严治党进程中起着重要作用"。

中国历代县的数量变化较小　　　　　表 3-2

时期	年份（公元）	县数（个）	县级政区数（个）
秦		约 1000	—
西汉	前 8	1350	1587
东汉	140	1180	—
三国	265	1190	—
西晋		1232	—
南北朝	280	1752	—
隋	607	1255	—
唐	740	1573	—
北宋	1102	1234	1270
元		1127	1324
明		1138	1427
清		1455	1549

资料来源：周振鹤主编《中国行政区划通史》，复旦大学出版社，2017

　　近年来，伴随扩权强县改革和"省管县"改革的探索推进，县域被赋予更加充分的行政职能与地方经济职能，拥有了更强的资源配置和组织动员能力。应在壮大县域经济基础上，把积极推进县域就地就近城镇化作为发展方式转变和社会治理格局提升的重要突破口，对县域国土空间内的生态环境保护、公共设施配置、经济社会发展、城乡规划建设等进行综合协调。通过城、镇、村空间优化和产业布局调整，引导县域人口的有序流动，推动城镇公共服务和基础设施向乡村辐射，促进城乡基础设施的互联互通、共建共享，实现城、镇、村协调发展和城乡融合发展。

山东省县域就地城镇化特征及其引导策略 [1]

　　山东省县域经济发达，中小城市发育较好，超过 50% 的城镇人口集聚于县市，具有明显的县域城镇化特征：核心区县市主要呈现就地城镇化，非核心区的县市呈现就地、异地城镇化并行的特征；县城是就地城镇化的核心载体，小城镇和村庄则出现明显的分化；人口流动呈现近域化和双向化的特征

1 资料来源：

[1] 杨明俊、尹茂林、杨雯雯：《新时期山东省县域城镇化发展路径研究》，《城市发展研究》2017 年第 5 期，第 14-18 页。

[2] 中共山东省委办公厅：《中共山东省委、山东省人民政府：关于印发〈山东省新型城镇化规划（2014—2020 年）〉的通知》，2014 年 10 月 27 日，http://www.shandong.gov.cn/art/2014/10/27/art_2267_17982.html.

（图 3-4、图 3-5）。

为此，山东省在 2014 年印发的《山东省新型城镇化规划（2014—2020
年）》（鲁发〔2014〕16 号）中，提出"促进县域本地城镇化"的要求。明
确要加快发展县城，提升县城规划水平、产业与人口聚集能力，加强基础设
施和公共服务设施建设，促进小城镇健康发展，强化产业支撑，完善基础设
施和公共服务设施，提升管理水平，深入开展"百镇建设示范行动"。因地制
宜确定社区建设模式，统筹推进配套设施建设，增强农村新型社区产业支撑，
推进农村新型社区纳入城镇化管理。

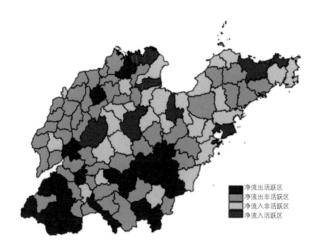

图 3-4　山东省 2000—2010 年人口流动特征

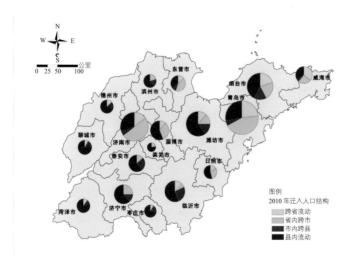

图 3-5　山东省 2010 年迁入人口结构

3.2 因地制宜科学推动城、镇、村协调发展

中国地域辽阔，各县的地理区位、气候环境、人口面积、历史文化、经济社会发展和城镇化水平等要素均各不相同，因此县域的城、镇、村现状情况和发展格局也千差万别。通常远离大城市的县，腹地对县城综合服务中心的功能需求更强；县域范围大、乡村地区广阔的地区，对小城镇的承上启下服务功能需求更大；而县域小、县城辐射能力强的地区，乡村的许多服务需求可以从县城直接获取，小城镇就相对难以培育壮大。同时，城市群、都市圈等城镇密集地区的县域发展环境也与地广人稀的农业地区发展环境有天壤之别。总而言之，各地有着各自的环境与条件，面临不同的问题和机遇，因此不能套用一个模式，而必须从实际出发，因地制宜，分区域、分类型推动县域城、镇、村协调发展。

推动县域城、镇、村协调发展需要系统谋划、科学布局。为此，习近平总书记要求"将城乡作为一个整体来谋划，致力于促进城乡之间形成系统有机的内在联系，从而达到融合发展，是区域协调发展和城乡统筹发展的最高境界"。[1]

要顺应新型城镇化持续推进的大势以及乡村振兴战略实施的机遇，尊重城乡发展演变规律，引导和鼓励长期稳定从事二三产业的农民进城入镇，突出发挥县城在带动城乡高质量发展、促进基本公共服务和基础设施向乡村地区延伸、吸纳剩余劳动力就业等方面的重要功能。充分发挥小城镇联结城乡的纽带和"蓄水池"作用，因地制宜推动小城镇的特色化、多元化发展。尊重留乡农民群众生产、生活习惯和发展需求，尊重乡村自然乡土特性，发挥当代乡村多元价值，分类指导乡村差异化发展，不搞一刀切，不强推农民集中或上楼。通过城、镇、村在产业发展、公共服务、基础设施、资源能源、生态保护等各个方面的统筹布局和协调联动，形成现代城镇与乡村各具特色、交相辉映的城乡发展格局。

1 浙江省中国特色社会主义理论体系研究中心：《习近平新时代中国特色社会主义思想在浙江的萌发与实践·区域协调发展篇——从山海协作、城乡统筹到实施区域协调发展战略》，人民网时政版，2018 年 7 月 21 日，http://politics.people.com.cn/n1/2018/0721/c1001-30161819.html.

要科学引导小城镇多元特色发展。小城镇是联结城乡的重要节点和城镇化进程中的"蓄水池"，应根据县域内小城镇不同的发展基础和发展条件，科学确定小城镇的职能定位与发展方向，区分"重点中心镇""特色小城镇"和"一般小城镇"等不同类型，制订针对性举措，推动引导小城镇多元化、差别化发展（表3-3）。

小城镇的职能定位与发展方向　　　　表 3-3

类别	内容
重点中心镇	加强基础设施和公共服务设施建设，提升公共服务水平，完善城镇功能，促进产镇融合，支持有条件的重点中心镇建设成为具有较强人口、产业集聚能力的现代新型小城市
特色小城镇	突出特色化发展导向，选择在自然资源、历史文化、产业发展、空间景观等方面具有特色培育潜力的小城镇，着力保护文化遗存、传统街巷等特色资源，塑造和彰显城镇特色风貌和景观，使小城镇的特色资源成为发展的优势
一般小城镇	积极改善镇区环境面貌，使之成为周边乡村区域商业、文化、公共服务和社会治理的中心，为镇区和周边乡村居民提供基本公共服务和商贸服务

贵州省特色小城镇建设 [1]

贵州省结合乡村布局散、力量弱的省情，有重点、有特色地建设小城镇，以 100 个示范小城镇建设为抓手，完善城镇功能和基础设施，吸纳大量农业人口就业，引导农业人口向小城镇转移。并采用以镇带村、以村促建的发展思路，推动 1 个小城镇带动多个美丽乡村建设的"镇村联动"

图 3-6　贵州山地特色小城镇 *

模式。特色小城镇建设以项目为载体，建立包括基础设施、公共服务设施、产业和民生保障等 28 类项目的"8+X"项目库，强化项目布局和实施，进一步完善小城镇的城镇功能。以"镇村联动"平台为重点，统筹城乡产业发展，推进以"小康路、小康水、小康房、小康电、小康讯、小康寨"六项行动计划为基础的"6+X"项目建设，系统改善乡村基础设施和公共服务设施（图 3-6）。

1　资料来源：
中华人民共和国住房和城乡建设部：《贵州省特色小城镇建设工作实践》，2015 年，http://www.mohurd.gov.cn/zxydt/201603/t20160328_227019.html.

1 资料来源:
周岚、韩冬青、张京祥、王红扬等:《国际城市创新案例集》,中国建筑工业出版社,2016,第32-33页。

浙江省以特色小镇推动小城镇产业特色发展 [1]

图 3-7　浙江省第一批特色小镇分布图

浙江省围绕小城镇经济发展活力不足等问题,于 2014 年起开展"特色小镇"创建工作,积极引导培育具有"特而强"的产业定位、"聚而合"的功能叠加、"精而美"的空间形态的特色小镇发展(图 3-7)。浙江省坚持规划先行、多规融合,统筹考虑人口分布、生产力布局、空间利用和生态环境保护,编制多元素高度关联

图 3-8　黄酒小镇

的综合性规划,确保规划能够落地实施。采用"期权激励制"扶持方式、放宽商事主体核定条件、削减审批环节等方式激发各方主体参与建设特色小镇,使"特色小镇"成为小城镇发展的新模式和新平台。目前已形成了善琏湖笔小镇、黄酒小镇(图 3-8)、丝绸小镇等一批优秀范本,为增强小城镇产业活力、提升城镇特色以及促进产业转型升级、推进新型城镇化提供了强有力抓手。

要顺应乡村演变规律，根据不同村庄的发展现状、区位条件、资源禀赋等因素，按照集聚提升、融入城镇、特色保护、搬迁撤并的思路，因地制宜分类推进乡村发展与振兴，不搞一刀切（表3-4）。

不同类型的村庄采取不同对策　　　　　　表 3-4

集聚提升类村庄	现有规模较大的中心村和其他仍将存续的一般村庄，占乡村类型的大多数	科学确定村庄发展方向，在原有规模基础上有序推进改造提升，激活产业、优化环境、提振人气、增添活力，保护保留乡村风貌，建设宜居宜业的美丽村庄。鼓励发挥自身比较优势，强化主导产业支撑，支持农业、工贸、休闲服务等专业化村庄发展。加强海岛村庄、国有农场及林场规划建设，改善生产、生活条件
融入城镇类村庄	城市近郊区以及县城城关镇所在地的村庄，具备成为城市后花园的优势，也具有向城市转型的条件	综合考虑工业化、城镇化和村庄自身发展需要，加快城乡产业融合发展、基础设施互联互通、公共服务共建共享，在形态上保留乡村风貌，在治理上体现城市水平，逐步强化服务城市发展、承接城市功能外溢、满足城市消费需求能力，为城乡融合发展提供实践经验
特色保护类村庄	历史文化名村、传统村落、少数民族特色村寨、特色景观旅游名村等自然历史文化特色资源丰富的村庄，是彰显和传承中华优秀传统文化的重要载体	统筹保护、利用与发展的关系，努力保持村庄的完整性、真实性和延续性。保护村庄的传统选址、格局、风貌以及自然和田园景观等整体空间形态与环境，全面保护文物古迹、历史建筑、传统民居等传统建筑。尊重原住居民生活形态和传统习惯，加快改善村庄基础设施和公共环境，合理利用村庄特色资源，发展乡村旅游和特色产业，形成特色资源保护与村庄发展的良性互促机制
搬迁撤并类村庄	位于生存条件恶劣、生态环境脆弱、自然灾害频发等地区的村庄，因重大项目建设需要搬迁的村庄，以及人口流失特别严重的村庄	可通过易地扶贫搬迁、生态宜居搬迁、农村集聚发展搬迁等方式，实施村庄搬迁撤并，统筹解决村民生计、生态保护等问题。拟搬迁撤并的村庄，严格限制新建、扩建活动，统筹考虑拟迁入或新建村庄的基础设施和公共服务设施建设。坚持村庄搬迁撤并与新型城镇化、农业现代化相结合，依托适宜区域进行安置，避免新建孤立的村落式移民社区。搬迁撤并后的村庄原址，因地制宜复垦或还绿，增加乡村生产、生态空间。农村居民点迁建和村庄撤并，必须尊重农民意愿并经村民会议同意，不得强制农民搬迁和集中上楼

53

1 资料来源：江苏省住房和
城乡建设厅城建档案办
公室。

江苏省分类推进乡村人居环境改善和美丽乡村建设[1]

　　江苏自2011年起持续推动村庄环境整治和改善提升以及美丽宜居乡村建设行动。根据镇村布局规划，将全省村庄划分为规划发展村庄和非规划发展村庄。要求非规划发展村庄通过人居环境改善达到环境整洁村标准，而将规划发展村庄划分为古村保护型（图3-9）、人文特色型（图3-10）、自然生态型（图3-11）、现代社区型（图3-12）与整治改善型（图3-13）五种类型，分别开展针对性的改善提升（表3-5），使乡村人居环境提升过程的同时成为乡村特色彰显和文化复兴的过程。

图3-9　古村保护型：苏州陆巷村　　　　图3-10　人文特色型：南京大山村

图3-11　自然生态型：常州黄岗岭村

图3-12　现代社区型：南通培育村　　　　图3-13　整治改善型：常州水西村

不同类型村庄的行动举措　　　　表 3-5

村庄类型	村庄特征	整治改善措施
古村保护型	国家与省级历史文化名村以及存在大量历史建筑和建筑群、村落的整体格局与空间肌理延续了传统风貌的村庄	突出保护优先，以传统空间环境的修复为主，现状环境的改善为辅
人文特色型	拥有丰富非物质文化遗产、民俗文化活动以及特色鲜明的少数民族风格建筑的村庄	保留、继承、挖掘村庄文化特质和内涵，延续和彰显村庄空间特色风貌
自然生态型	生态自然环境优美、富有田园意境和地域环境特色的村庄	最大限度综合乡村景观与自然交融的空间序列，维护和美化乡村自然景观风貌，改善现状生产、生活条件
现代社区型	因建设发展需要，整体搬迁到新的规划点的村庄	营造层级明晰的服务网络和便捷高效的社会生活环境，培育具有活力的场所，提高村民社会生活的延展度与舒适度
整治改善型	通过村庄环境整治，改变生态环境质量差、面貌陈旧破败、缺乏设施的状况，环境质量得以提升的村庄	整合梳理乡村现状空间环境，积极完善村庄服务设施及基础设施资源，改变落后面貌

3.3 集约推动城乡基本公共服务均等化

乡村基本公共服务供给是乡村振兴和城乡协调发展的关键，是农村群众满意度和获得感的重要组成，但同时也是目前乡村建设发展中最为突出的短板。研究表明，公共服务因素在所有影响城乡收入差距的因素中贡献率达 30%～40%。[1] 为此，习近平总书记要求"完善农村基础设施

1　迟福林、殷仲义：《中国农村改革新起点：基本公共服务均等化与城乡一体化》，中国经济出版社，2009，第 31-53 页。

建设机制，推进城乡基础设施互联互通、共建共享，创新农村基础设施和公共服务决策、投入、建设、运行管理机制，积极引导社会资本参与农村基础设施建设，推动形成城乡基本公共服务均等化体制机制"。

当前乡村公共服务设施和基础设施缺口巨大，如何在乡村人口总体减少的背景下合理配置公共资源，既量力而行较快提升乡村基本公共服务水平，又不造成公共资源配置的过程性浪费，需要系统规划、合理布局、统筹建设，需要坚持设施供给的公平和效率兼顾，坚持城乡统筹的均衡与差别有序，坚持政府保障兜底和市场补充完善的有机结合，坚持硬件提升、软件改善和体制机制创新联动。

要理性认识到乡村地区的人口持续减少和建设空间的精明收缩将是未来乡村发展的"新常态"。面对面广量大、布局分散的自然村庄，要在客观分析其现状基础、人口变化、发展前景等综合要素的基础上，择优明确长远保留的规划发展村庄，合理制定基本公共服务建设的内容和标准，有意识引导公共资源配置和公共财政投向，通过规划发展村庄的公共设施和基础设施改善，吸引农民自愿相对集中居住。经过久久为功的努力，促进乡村空间在历史形成的自然村格局基础上不断优化，在乡村人口收缩的背景下不断提升公共服务水平，支撑推动乡村振兴和城乡协调发展。

河南省郑州新型农村社区基本公共服务建设标准

为加强新型农村社区基础设施建设和公共服务设施建设，建立"五通、七有、两集中"建设标准：

"五通"指通自来水、电、四级公路、宽带、有线电视；

"七有"指有社区综合服务中心（图3-14）、标准卫生室、连锁超市、文体活动广场、科技文化中心、小学幼儿园、养老院；

"两集中"指垃圾集中处理、污水集中处理。

图3-14　社区综合服务中心 *

1 资料来源：江苏省城镇与
乡村规划设计院：《江阴
市镇村布局规划》，2015。

江苏省江阴市镇村布局规划 [1]

2014 年江苏省出台《关于加快优化镇村布局规划的指导意见》，推进全省镇村布局规划优化工作。规划将全省现状自然村分为重点村、特色村、一般村三类，其中重点村、特色村将作为规划发展村庄，是公共资源和基本公共服务投入的重点，通过改善基本公共服务水平，引导留乡村民主动集聚，推动乡村空间结构优化。

江阴市镇村布局规划在对全市 2905 个自然村认真调查分析的基础上，结合全市各片区差别化的城镇化路径、产业发展模式和乡村特色彰显策略，采用"自上而下"和"自下而上"相结合、尊重民意的工作方法，最终确定 271 个重点村、178 个特色村和 2456 个一般村的村庄布局规划（图 3-15）。

规划相应制定差别化的实施引导政策（图 3-16），以规划发展村庄作为基本公共服务配置的重点，并根据村庄实际情况分为综合型和基础型两种类型（图 3-17、图 3-18）。综合型服务设施类型全面，服务水平较高，服务范围涵盖一个行政村。服务内容包含行政管理、教育、医疗卫生、社会福利、文化体育、公共绿地、交通设施和商业设施，原则上应选择在村委会所在的规划发展村庄布局。基础型服务设施以满足农村居民基本生活需求为主，服务周边一定范围的自然村。

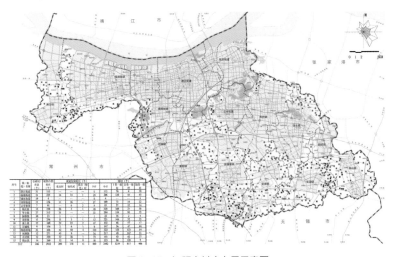

图 3-15　江阴市村庄布局示意图

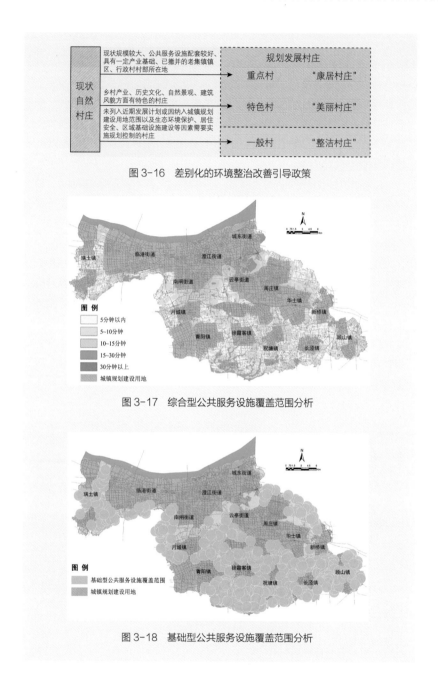

图 3-16　差别化的环境整治改善引导政策

图 3-17　综合型公共服务设施覆盖范围分析

图 3-18　基础型公共服务设施覆盖范围分析

要把公共设施投放的重点放在农村，着力加强乡村教育、医疗、文化、社会保障等公共服务，建立健全以县城为核心、"县－镇－村"衔接配套的服务体系。同时要充分利用互联网等现代技术手段，让村民可以"足不出户""足不出村"享受更高质量的基本公共服务。

公共服务的配置应根据镇村布局规划，坚持城乡一体、集约均等配置，实现公共资源效率的最优化，其配置模式可分为两种方式。

一类为基于行政层级配置的公益性公共服务，包括行政管理、社区服务、社会保障等，应按照县城、乡镇、行政村等不同行政层级合理配置。部分行政面积较大、自然村格局较散的行政村可通过增设代办点或者采用定期流动式服务的方式，增加群众的便利性。

另一类是按照服务半径和规模配置的公益性公共服务，包括教育、卫生、养老、文化等设施。应综合考虑地区经济发展水平、村民需求，以及设施服务人口、服务半径、可达性等因素，进行合理配置。县城建设高等级的服务设施，覆盖全县范围、服务全县人口；乡镇（或者重点城镇）配置次等级的服务设施，服务全镇（或者相邻几个乡镇）；村庄根据规模和服务范围，可采用单村单配、单村多配、多村联配等多种方式灵活配置，以确保所有村民能够得到均等的基本公共服务，最终实现"学有所教、劳有所得、病有所医、老有所养"的目标。

浙江省德清县县域乡村建设规划[1]

德清县县域乡村建设规划将县域乡村地区基本公共服务配套分为三种类型，分别为：城镇共享区、均衡网络型服务区和传统等级结构服务区。并构建了四层生活服务圈：基本生活服务圈以自然村为服务单元，一次生活服务圈以行政村（中心村）为服务单元，二次生活服务圈以一般乡镇为服务单元，三次生活服务圈以县域或者中心镇为服务单元。城镇共享区依托中心城市和城镇，以二次、三次生活服务圈为主。均衡网络型服务区根据现状产业与服务设施配套情况选取发展较好的村庄区域，形成一定范围的网络区域，以二次生活服务圈为主，形成共享均衡的网络服务体系。传统等级结构服务区在城镇辐射之外，自身能力较弱的村落所在区域，以一次、基本生活服务圈为主，配置基本的生活服务设施，满足居民生活需求。（图3-19～图3-21）

1 资料来源：
浙江省住房和城乡建设厅、德清县住房和城乡建设局、浙江省建筑科学设计研究院：《德清县县域乡村建设规划》，2017。

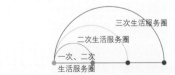

图 3-19 德清县生活圈模式图

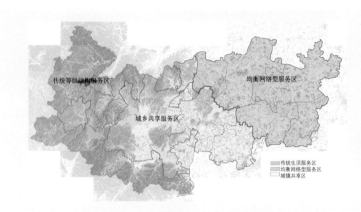

图 3-20　德清县基本公共服务分区图

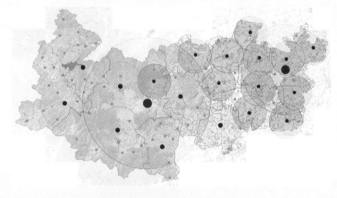

图 3-21　德清县生活圈规划图

1　资料来源：

[1] 广东省人民政府办公厅：
《广东省人民政府办公厅
关于印发广东省促进"互
联网＋医疗健康"发展行
动计划（2018—2020 年）
的通知，2018 年 6 月 5 日，
http://www.gd.gov.cn/gkmlpt/
content/0/146/post_146922.
html.

[2] 秦璐：《广东推出"互联
网＋医疗健康"行动计
划》，2018 年 6 月 16 日，
http://baijiahao.baidu.com/s?id
=1603493288345652974&wf
r=spider&for=pc.

广东省通过"互联网＋医疗健康"改善镇村医疗健康服务[1]

广东省政府于 2018 年 6 月 14 日印发《广东省促进"互联网＋医疗健康"
发展行动计划（2018—2020 年）》，提出要加快医疗健康与互联网深度融合，
积极发展"互联网＋医疗健康"，全面对接大城市优质医疗资源，更好地满足
人民群众日益增长的医疗卫生健康需求。以县城医院为核心，建立县城智慧
医疗、远程医疗平台，开展远程会诊、远程病理诊断、影像诊断、心电诊断、
监护指导、手术指导、远程教育等远程医疗合作，把大城市不易下乡的优质
医疗资源引入县城。以乡镇为单位，依托智能手机的广泛普及，搭建汇聚个
人健康信息、覆盖全体农民的 APP 电子健康档案，通过手机客户端对农民医
疗防护、卫生防疫、健康生活等提供指导与服务，实现手机客户端就可挂号
缴费、查看检查报告。以村卫生站为单位建设乡村智慧医疗服务站，向农民
普及智慧医疗使用方式，让农民能够享受专家远程咨询与坐诊（图 3-22）。

图 3-22　互联网医院进镇村

　　乡村基础设施包括道路交通、给水、电力、通信、供暖、污水、垃圾以及能源等多种类型，是乡村基本公共服务的重要内容。区别于城市，乡村地区地广人稀，其基础设施供给系统具有分布散、距离长、单位面积使用强度低的特点。考虑到长距离传输中的损耗导致效率低下、工程技术难度等多方面因素，乡村基础设施供给系统不能照搬城市供给模式，而应顺应城乡发展规律，在科学规划引导下，综合考虑经济发展水平、地区资源、地形地貌、气候条件、建设难度等因素，因地制宜采用形式多样、灵活高效的供给模式。

　　靠近城镇的地区应优先采用城乡一体化供给模式，保证城乡同网、同质、同价、同服务；边远乡村地区可采用局部集中供给模式；空间布局极为分散、建设条件较差等不具备集中供给条件的乡村地区可采用单户独立供给模式。局部集中供给模式和单户独立供给模式应保证基础设施供给的安全、经济、适用。

1　资料来源：
　　江苏省住房和城乡建设
　　厅：《江苏省城市实践案
　　例集》，中国建筑工业出
　　版社，2016，第58页。

江苏省城乡统筹区域供水探索 [1]

　　从2000年起江苏结合城镇密集、人口密集、地形平坦的省情，积极实施城乡统筹区域供水工程。打破城乡二元结构，打破行政区划限制，将城市水厂通过区域管网联通镇村，统筹规划和建设城乡供水设施，积极探索高密度地区的城乡一体化供水模式。针对城乡统筹区域供水设施的建设、运行、管理，镇村小水厂兼并整合、人员安置等进行了创新实践，探索出了多种适合地方特点的建设、运行管理模式。至2015年底，全省超过90%镇村供上了干净的自来水，受益群众约4048万人。乡镇和农村居民享用了与城市居民"同源、同网、同质"的饮用水，水质安全得到更高水平的保障；实现了农村地区24小时不间断供水，供水水质、水压得到了保证，彻底解决了农村居民用水问题（图3-23、图3-24）。

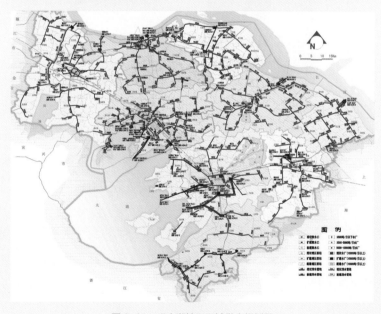

图3-23　环太湖地区区域供水规划图

图 3-24 宁镇扬泰通地区区域供水规划图

04

构建共建共治共享的乡村治理新格局

● 重构乡村治理体系，既是国家治理能力现代化建设的现实要求，也是实施乡村振兴战略的重要途径。要充分发挥政府、社会、村民多元主体的作用，以乡村人居环境建设为载体和突破口，探索构建共建共治共享的机制，实现"美好人居环境与幸福生活"共同缔造。

1 徐勇：《中国农村村民自治》，生活书店出版有限公司，2008，第 19 页。

2 张厚安：《中国农村基层政权》，四川人民出版社，1992，第 120-123 页。

在传统中国，农业是国家的根本，农民处在政治的边缘，延续着"王权不下县""县官管县，乡绅治乡"的城乡分治治理格局。土地改革，彻底推翻了乡村的旧秩序，赋予了农民主体地位，农民作为一个群体在历史上前所未有地进入国家政治体系，工农联盟成为国家政权的基础。[1]中华人民共和国成立后，乡村治理体系经历了从人民公社制度到"乡政村治"[2]的转变，村"两委"成为乡村基层自治的主体形式。改革开放的深化和农村土地承包经营体制的建立，极大地激发了农村经济活力，推动了城乡经济社会发展，但也客观上造成村民"自扫门前雪"，村级组织涣散、集体经济薄弱等问题。尤其是城镇化快速推进带来的乡村人才外流，在一定程度上削弱了乡村治理能力（图 4-1）。面对乡村振兴的历史任务，迫切需要构建乡村治理新格局。

县官治县 乡绅治乡

在传统中国，农业是国家的根本，农民却处在政治的边缘。"王权不下县"，国家体制性的正式权力只到县一级为止，县以下主要依靠非体制性的权力进行治理，形成"县官治县，乡绅治乡"的权力格局。农村社会正是在这两种权力的相互作用下实现其治理过程。费孝通先生将这种现象称为"双轨政治"。

1958 年

政社合一 人民公社

1958 年中共八届六中全会《关于在农村建立人民公社问题的决议》，提出"实行政社合一"。1962 年 9 月，中共八届十中全会通过的《农村人民公社工作条例（修正草案）》规定，人民公社的各级权力机关是公社社员代表大会、生产大队社员代表大会和生产队社员大会，在加强集中统一管理的同时，保障了公社社员参与管理的民主权利。

1983 年

政社分开 乡政村治

随着分户经营的家庭承包责任制兴起，"三级所有，队为基础"的人民公社体制迫切需要改革。1983 年 10 月，中共中央下发了《关于实行政社分开建立乡政府的通知》（即 35 号文件），做出了政社分开、建立乡政府的决定，明确在乡镇一级设立基层政府，实行行政管理，乡镇以下设立村民委员会，实行基层群众自治。1987 年全国人大常委会通过《中华人民共和国村民委员会组织法（试行）》，"乡政村治"的治理格局逐步定型。

图 4-1 乡村治理体系演变

图片来源：作者根据相关文献自绘

重构乡村治理体系，提升乡村治理能力，既是国家治理能力现代化建设的现实要求，也是实施乡村振兴战略，改变乡村面貌，切实增强农民群众获得感、幸福感的重要途径。乡村是农民的家园，农民是乡村振兴的主体。但是仅仅依靠乡村留守人口，无法担负起乡村振兴和发展的重任。

党的十九大报告提出实施乡村振兴战略，要求"健全自治、法治、德治相结合的乡村治理体系"，[1] 这是国家治理体系和治理能力现代化建设向广大乡村历史性延伸，激发乡村发展内生动力的重大战略决策。必须充分发挥党的领导和中国特色社会主义制度的独特优势，"把乡村党组织建设好，把领导班子建设强"，[2] 使基层党组织真正成为乡村发展的领头羊；进一步完善和创新村民自治机制，充分发挥村民的主体作用；积极引导社会力量参与乡村建设发展，促进优质资源流向乡村；以乡村人居环境建设为载体，探索构建"共建共治共享"的乡村治理新机制，推动美好环境与幸福生活的共同缔造。

1 2017 年 10 月，习近平总书记在中国共产党第十九次全国代表大会上的报告。

2 习近平：《把乡村振兴战略作为新时代"三农"工作总抓手》，《求是》2019年第 11 期。

随着工业化、城镇化快速发展，大量农村人口尤其是青壮年劳力不断"外流"，农村常住人口逐渐减少，很多村庄出现了"人走房空"现象，并由人口空心化逐渐演化为人口、土地、产业和基础设施整体空心化。2013 年中央"一号文件"指出：农村劳动力大量流动，农户兼业化、村庄空心化、人口老龄化趋势明显，农民利益诉求多元，加强和创新农村社会管理势在必行。

4.1 让基层党组织成为乡村发展的"领头羊"

党的领导和中国特色社会主义制度是实施乡村振兴战略的突出优势。

事实上，早在民国时期，孙中山先生就提出"中华民国之建设，务当以人民为基础；而欲以人民为基础，必当先行分县自治"理念，推动"政权下乡"和农民自治，但是由于资产阶级政党的本质缺陷，

1　2016 年 4 月，习近平总书记在安徽小岗村农村改革座谈会上的讲话。

2　2017 年 12 月，习近平总书记在中央农村工作会议上的讲话。

3　习近平：《把乡村振兴战略作为新时代"三农"工作总抓手》，《求是》2019 年第 11 期。

4　2012 年 12 月，习近平在河北阜平看望慰问困难群众时的讲话。

既无法真正赋予农民以民权，也无法改善"民生"，最终没有取得成功。中国共产党通过土地改革和"政党下乡"完成了农民社会的政治整合，真正赋予了农民主体地位，强化了政权的人民性。习近平总书记强调，"党管农村工作是我们的传统，这个传统不能丢"[1] "要建立实施乡村振兴战略领导责任制，党政一把手是第一责任人，五级书记抓乡村振兴"[2]。华西村、蒋巷村、袁家村等众多乡村振兴的实践案例充分表明，基层党组织已经成为今天中国乡村发展的"领头羊"。"弱的村要靠好的党支部带领打开局面，富的村要靠好的党支部带领再上一层楼"。[3]

要完善村党组织领导乡村治理的体制机制。"农村要发展，农民要致富，关键靠支部"。[4] 要完善村党组织领导乡村治理的体制机制，建立以基层党组织为领导、村民自治组织和村务监督组织为基础、集体经济组织和农民合作组织为纽带、其他经济社会组织为补充的村级组织体系。要以扶贫攻坚为突破口，帮助群众解决实际困难，加强对特殊人群的关爱服务，通过扎实的工作让农民群众自觉听党话、感党恩、跟党走。

要加强村级组织带头人队伍建设。培养选好村级带头人，并加强村级后备人才队伍建设，"培养造就一支懂农业、爱农村、爱农民的'三农'工作队伍"，提高村集体的凝聚力和引领乡村发展的能力，带动乡村振兴、农民致富。

要充分发挥党员在乡村治理中的先锋模范作用。组织党员在议事决策中宣传党的主张、执行党的决定，推动党员密切联系群众，了解群众思想状况，带动群众全面参与乡村治理。

村支书带领贫困村艰苦创业：江苏蒋巷村 [1]

蒋巷村位于江苏省常熟市的东南，曾是远离城镇、贫瘠落后的小村庄，房舍破旧、农民收入低，全村 90% 的人患有血吸虫病。1973 年开始，在新任村书记常德盛的带领下，全村共同努力，以农业起家、工业发家、生态美家、旅游旺家、精神传家，逐步建成了今天的社会主义新农村典范，彻底改变了曾经到处是血吸虫病人的落后乡村面貌，创造了一个又一个看似不可能实现的奇迹（图 4-2~图 4-5）。蒋巷村先后获得了全国文明村、全国民主法治示范村、国家级生态村、全国新农村建设科技示范村等近百项省级以上荣誉，村人均收入达 41500 元，另有集体福利部分人均近万元。

1 资料来源：

[1] 晏阳初、赛珍珠、宋恩荣：《告语人民》，广西师范大学出版社，2003，第 37 页。

[2] 郭煦：《蒋巷村为何让城市人点赞》，《小康》2018 年第 15 期。

[3] 佚名：《蒋巷村：社会主义新农村的范本》，《中国老区建设》2017 年第 8 期。

[4] 佚名：《记常熟市支塘镇蒋巷村党委书记常德盛》，《苏州日报》2011 年 9 月 4 日。

[5] 江苏省城镇与乡村规划设计院：《常熟市支塘镇蒋巷村蒋巷特色田园乡村规划》，2018 年 3 月。

[6] 佚名：《常熟蒋巷村科技支撑社会主义新农村建设的典范》，《中国农村科技》2014 年第 10 期。

[7] 李文娟、郝晓阳、李秀红：《绿色发展理念与蒋巷村实践》，《唯实（现代管理）》2017 年第 12 期。

[8] 郭晓平：《基层党组织在新农村建设中的角色定位探究——以常熟蒋巷村为例》，《劳动保障世界》2017 年第 21 期。

[9] 王留彦：《蒋巷：江南的"世外桃源"》，http://www.hswh.org.cn/wzzx/djhk/jswx/2018-01-03/48067.html.

图 4-2　农田设施改造中

图 4-3　老书记给学生讲村庄历史

图 4-4　改造后的农田设施

图 4-5　蒋巷村

· 带动有机生态农业发展

在常德盛的"穷不会生根，富不是天生的。土不能改，但地一定要换"的话语激励下，村庄全体村民深入开展治水改土工程，聚户成巷、迁移坟地、填补低地、建设良田。历时二十多年，将全村低洼田填高了一米多，建成了田成方、树成行、渠成网、路宽敞的旱涝保收粮田。近年来，又通过"储粮于田"工程，建设连片近千亩优质生态粮食基地，种植有机水稻，率先布局有机生态农业。

· 推动工业创业园建设

在 20 世纪 80 年代苏南乡镇工业快速崛起之时，蒋巷村抓住机遇，开始尝试村办工业企业。通过兴办新型建材彩钢板生产企业，实现了盈利，并在后续发展过程中，努力推动企业从单一钢结构生产向重型机械装备生产转型，建设民营工业创业园，组织引导村民自主创业创新。如今，村庄工业产业年产值超亿元，龙头企业常盛集团已经成为华东地区规模最大的钢结构及轻质建材企业。

· 助力乡村生态环境保护

蒋巷村在推动经济发展过程中，始终高度重视生态环境保护。早在 20 世纪 90 年代初，就聘请同济大学团队开展了生态村建设规划，超前地安排了村庄的生态保护工作，并在村中心建设了生态园。重视建立生态补偿和修复机制，有序组织村民推进土地复垦、水系整理、河塘清淤等工作，分阶段建设生活污水处理站、秸秆气化站、生态林带，保护和修复乡村的循环生态体系，减少工业污染，促进生态农业和旅游业的发展。

4.2　创新与完善村民自治机制，发挥村民主体作用

1　2015 年 4 月，习近平总书记在中共中央政治局就健全城乡发展一体化体制机制进行第二十二次集体学习时的讲话。

习近平同志指出："农村要发展，根本要依靠亿万农民。要坚持不懈推进农村改革和制度创新，充分发挥亿万农民主体作用和首创精神，不断解放和发展农村社会生产力，激发农村发展活力。"[1]

乡村是农民的立足之基、生活之本。乡村建设与发展的主体是村民。因此，要尊重农民主体地位，加强村两委的组织动员能力和凝聚力，以农民合作社、村民理事会等村民组织为纽带，提高村民主动参与建设美好家园的积极性，发挥村民主体作用，让村民分享发展成果，不断增强村民归属感、自豪感和责任感，形成人人关心和参与乡村治理的局面；要根据农村自身条件，因地制宜完善村民自治机制，实现乡镇行政管理与基层群众自治的有效衔接，实现发挥党的领导核心作用与群众参与管理的良性互动。

4.2.1　提升村民自治组织能力

健全村民自治机制，探索构建多元的村民自治组织，加强自治组织规范化建设，拓展村民参与村级公共事务平台，发展壮大治保会等群防群治力量，推进民主选举、民主协商、民主决策、民主管理、民主监督实践。把零散的农户和村民个体通过村民代表大会、议事会等各种农村组织联合起来，让村民更好地参与乡村建设，分享发展成果，发挥各种农村组织在组织村民参与村庄共建共管、为村民提供服务中的重要作用，提升基层治理的有序性，形成人人关心和参与乡村治理的局面。

广东云浮市"组为基础、三级联动"机制[1]

广东省云浮市强化村民小组的功能，在组、村和乡镇三级建立理事会，发挥广大村民群众的主体作用，扩展群众参与公共事务管理的渠道，形成了"组为基础，三级联动"的治理机制，为村民自治运行的长效机制提供了有益的探索和经验。

村民小组是村民最紧密的经济、社会和文化共同体。云浮市在村民小组（自然村）一级建立村民理事会，将村民小组作为村民自治的基本组织单元，以"组为基础"，建立村民参与基层事务管理的平台，将村民自治引向深化，为村民作为社会主体参与公共事务管理、共同建设美好家园提供了持续动力，满足了农村社会内部的现实需求。在组、村、乡（镇）三级建立理事会，形成三级联动体制，打通了政府行政管理与基础群众自治的通道，密切了政府与群众的联系，使不同层级的事务在不同层级处理，从而将大量矛盾化解在基层。

1 资料来源：徐勇：《中国农村村民自治》，生活书店出版有限公司，2008，第333-337页。

4.2.2　丰富村民议事协商形式

健全村级议事协商制度，形成民事民议、民事民办、民事民管的多层次基层协商格局。[2]充分尊重村民意愿，创新协商议事形式和载体，完善村民利益表达机制。借助村民会议、村民代表会议、村民议事会、村民理事会、村民监事会等，搭建村民参与乡村治理的平台，

2 中共中央办公厅国务院办公厅印发《关于加强和改进乡村治理的指导意见》，http://www.gov.cn/zhengce/2019-06/23/content_5402625.htm.

71

完善村民表达诉求和意愿、保障权益、协调利益的机制，增强村民的
集体感、责任感、归属感、认同感。

4.2.3　推动村级事务"阳光公开"

1　中共中央办公厅国务院
　办公厅印发《关于加强
　和改进乡村治理的指导意
　见》，http://www.gov.
　cn/zhengce/2019-06/23/
　content_5402625.htm.

完善党务、村务、财务"三公开"制度，实现公开经常化、制度
化和规范化。[1]通过建立和完善村务监督委员会，推广村级事务"阳
光公开"监管平台，支持建立"村民微信群""乡村公众号"等，积极
探索村务管理权与监督权分离的工作模式，推动村级事务即时公开，
加强村民对村级事务的有效监督。

2　资料来源：
[1] http://www.zjgrrb.com.
[2] http://m.sohu.com/n/39257
　9815/.

3　2005 年 6 月，习近平总书
　记在后陈村考察调研时的
　讲话。

浙江武义后陈村村务监督委员会 [2]

浙江武义后陈村于 2004 年成立了新中国第一个村务监督委员会（图
4-6），形成"一个机构、两项制度"，即常设的村监委会一个机构和《后
陈村村务管理制度》《后陈村村务监督制度》两项制度，村监委会由 3 人
组成，设主任 1 人，任期与村委会相同（图 4-7）。后陈村村务监督委员
会制度建立以来，连续多年实现村干部"零违纪"、村民"零上访"、工
程"零投诉"、不合规支出"零入账"。后陈首创村监委的乡村治理机制后
被称为"后陈经验"，得到了习近平总书记的认可，他指出："这是农村基
层民主的有益探索，是积极的，有意义的，符合基层民主管理的大方向。"[3]

图 4-6　中国第一块村监委会牌子在武义后　　图 4-7　监委会换届
陈村挂牌

4.3 吸引社会力量参与乡村建设，引导优质资源流向乡村

乡村的振兴和发展，不仅需要政府自上而下的制度设计和公共财政的投入引导，需要发挥农民的主体作用，也需要"动员社会各方面力量加大对'三农'的支持力度，努力形成城乡发展一体化新格局"，[1]"坚持工业反哺农业、城市支持农村"，[2]要积极推动人才、技术和资本等优质资源向乡村流动，形成推动乡村振兴的巨大动力，使乡村成为创新创业的新热土（表4-1）。

引导优质资源流向乡村的类型   表 4-1

人才反哺	技术反哺	资本反哺
乡村振兴，人才振兴是关键。要创新构建吸引人才下乡的机制，培养和挖掘乡村乡土人才、生产能手、致富能人，建立起一支"懂农业、爱农村、爱农民的'三农'工作队伍"带领农民增收，农业致富，农村发展	积极探索农艺师、设计师、规划师等专业技术人员下乡，参与乡村建设和发展。通过专业知识技能与乡村实际、村民意愿的有机融合，推动乡村产业发展，提升乡村建设和发展的质量和水平，推动农业农村现代化	乡村振兴要善用市场和资本，发挥市场在资源配置中的决定性作用，积极引导市场资金投入乡村建设和发展；实施新型农业经营主体培育工程，充分发挥现代企业的技术、市场优势，让现代企业成为乡村产业生产经营的龙头，加快农业农村现代化步伐

学子返乡建设"稻虾 cp"实验基地：江苏五星村[3]

五星村位于江苏淮安市盱眙县黄花塘镇西北部，原是江苏省级经济薄弱村，每亩耕地年纯收入不足 800 元，被称为黄花塘镇的"北大荒"。近年来，随着消费升级和互联网外卖兴起，五星村所在盱眙县的小龙虾市场需求快速增长，小龙虾供不应求。2015 年，返乡的北大学子段德峰抓住了这个商机，在五星村村书记的支持下，承包了100hm²（1500亩）农田和10hm²（150亩）水面，创办了"虾稻共生"的循环农业试验基地（图4-8），引入江苏农业科学院水稻研究所的技术力量，模拟自然生态环境，不施用农药和化肥，研发无公害小龙虾和有机稻米复合生产，并全程对水质、产品质量进行监控。后又采用公司加农户的方式，为村民提供技术支持，在全村推广循环农业发展方式。

1 2015 年 4 月，习近平总书记在就健全城乡发展一体化体制机制进行第二十二次集体学习时的讲话。

2 2013 年 12 月，习近平总书记在农村工作会议上的讲话。

3 资料来源：

[1] 佚名：《北大研究生回乡养小龙虾，短短一年成为江苏最大的虾稻共生企业》，《现代农匠》2017 年 2 月 20 日。

[2] 佚名：《"虾稻共作"催生盱眙品牌大米》，《南京日报》2018 年 1 月 25 日第 B03 版。

[3] 佚名：《龙虾米：盱眙高质量发展又一"高颜值"新品牌》，《江苏经济报》2018 年 6 月 9 日第 A04 版。

[4] 佚名：《257 件地理标志成为江苏富民发展的"摇钱树"》，《新华日报》2017 年 8 月 25 日第 008 版。

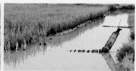

图 4-8 五星村"虾稻共生"的循环农业试验基地

·"科学实验、一水两用",推动乡村农业高效复合发展

段德峰团队先行启动 100hm^2（1500 亩）的试验基地建设，在农田布设水质监测系统，试验多种水稻和虾的不同生活环境，通过实验寻找产量和品质最优的养殖方案。经过一年的试验，100hm^2（1500 亩）农场的销售额为800 万元，其中大米收入占比约 10%。大米销售的利润率为 10%，小龙虾利润率约 50%，当年即基本实现盈利。

·"水清、虾肥、米香"，推动本地农业向生态环保转型

五星村的试验启动后，为持续改良"虾稻共生"的生长环境和产品品种，段德峰团队与江苏省农业科学院水稻研究所人员深度合作，研发综合种养的关键技术，使得在小龙虾生长过程中，不运用化学肥料、农药。设立了虾稻技术服务部，为农户提供技术服务、养殖物资、监控设备和销售渠道，发展合作农场。同时，团队通过物联网技术对虾稻的生产全流程进行数据化管理，可以保证最终产品的可追溯性和食品安全性。2017 年，农场基地被列为国家虾蟹产业技术体系综合试验站。同年，盱眙县也成为全国首批国家级稻鱼综合种养示范区。

·推广"虾稻米"地理标识品牌，推动农业全产业链增值

实验基地与政府合作，试点支持低收入户。基地帮助低收入户建好养殖基地，政府提供贴息贷款，利息由基地支付，其他投入由基地先垫资，回收产品再结账，低收入户每年可增收 6 万~8 万元。政府提供技术指导、农民培训和保护价收购虾稻产品，注册了商标"虾稻米"，构建虾稻米种植、生产、加工、包装、销售的整条产业链，并荣获 2017 年"全国首届渔米评比大赛金奖"。

退休专家下乡支农：江苏戴庄村[1]

戴庄村是江苏省句容市南端茅山丘陵地带一个偏僻的小山村，长期以来，地薄人穷一直是戴庄村的代名词。2001年，退休的镇江农科所老所长赵亚夫以志愿者的身份到茅山老区最穷的戴庄村蹲点，坚持带着农民干，做给农民看，帮着农民销售，用绿色的方式改造传统农业，带领农民致富。在他全过程的技术指导下，戴庄村大力发展有机农业，通过传播农业科学技术、打造品牌、开拓市场，使其从句容市最贫困的穷山村，一跃成为新农村建设的一面标杆，形成独具特色并在周边地区有积极影响力的农民增收致富的新模式——"戴庄模式"。目前，"戴庄模式"已向周边茅山地区辐射带动20个村，累计推广种植约166667hm²（250万亩）有机果品、有机稻米等高效农业，直接给农民带来了200多亿元的收益。全村农民人均纯收入从2002年的不足3000元增长到2017年的25000元左右，增加了8倍；村级集体经济收入从8.6万元增加到近200万元，增加20多倍。

· 调研确立有机农业方向，实验示范带动农民实践

经过深入调研，赵亚夫认为戴庄村生态环境好，山水林木资源丰富，适合发展有机农业。但在21世纪初的中国，有机农业还是个新名词。赵亚夫及其科技团队首先在全村开展有机农业技术讲座，和村干部一起挨家挨户做工作，但村民还是难以接受。在村干部的帮助下，他坚持带着农民干，做给农民看和帮着农民销售，一年后的收获季节，当地桃子的市价每公斤不到1元，而赵亚夫实验田的有机桃子卖到了每公斤10元。事实教育了农民，也确立了戴庄村有机农业发展方向。

· 创新循环农业耕作技术，乡村地力和生物多样性显著增加

赵亚夫团队研究摸索出一套修复农田生态系统的方法：山顶、陡坡建设山地森林生态系统；缓坡旱地修复发展高效、安全的果树、茶叶、畜禽生产，建设林、草、畜生态系统；山冲、岗塝水田，修复发展高效、安全的粮食、畜禽生产，建设水田稻、草、畜生态系统。同时，严格遵照规定，不使用化学农药、化肥、激素等，采用秸秆、菜饼、畜禽粪便还田替代化肥。通过长期采用低能耗的有机栽培技术，推广土壤改良剂、微生物菌剂等新农业产品的使用，戴庄村已有30%的缓岗坡地实现了农牧结合生态养殖、种植，有效改善了土壤质量，增加了土壤肥力。生物多样性逐步恢复，田间蜘蛛等种群数量丰富，土壤有机质含量逐年递增，实现了"地越种越肥"的循环发展（图4-9）。

图4-9　戴庄村有机稻米生产基地

1 资料来源：

[1] 西奥多·W.舒尔茨：《改造传统农业》，商务印书馆，1987，第89-92页。

[2] 2013年12月23日，习近平在中央农村工作会议上的讲话。

[3] 赵亚夫：《谈"戴庄经验"》，《镇江社会科学》2016年第4期。

[4] 包宗顺：《论科技进步对现代农业发展的贡献——对江苏戴庄村的案例研究》，《现代经济探讨》2014年第10期。

[5] 汪冰清：《生态农业的戴庄经验及其推广性研究——基于江苏省句容市戴庄村的调研报告》，《农村经济与科技》2017年第10期。

[6] 江苏句容扶贫协会：《办好合作社大家富起来——戴庄村有机农业合作社的情况调查》，《调查研究》2008年第6期。

·大力培育职业农民，提高农民自我发展能力

新型职业农民的培育不仅是解决"谁来种地"现实难题，更是解决"怎样种地"深层问题的基础。赵亚夫定期开展农业技术培训课程，邀请镇江市农科所科技人员长期驻村指导有机农业发展，并组织农民代表赴日本学习有机农业的经营理念和技术。他平均每年上课超过百堂，经他培训的农民达30万人次。通过这些方式，近百项农业科技成果为农民所掌握，给农民带来的收益超过25亿元。

1 资料来源：
南京大学建筑与城市规划学院可持续乡土建筑研究中心，张雷联合建筑事务所，南京万科置业有限公司：《兴化市千垛镇东罗村特色田园乡村规划》。

社会资本参与乡村振兴：江苏兴化市东罗村 [1]

兴化市东罗村位于里下河地区南部，地势低洼、河沟纵横、水土肥沃，拥有历史悠久的垛田农业文化遗产和独具特色的农业景观。2017年，江苏兴化市东罗村被列为江苏省首批特色田园乡村试点村庄。东罗村因得天独厚的资源优势和获得有力的政策支持吸引了万科等社会资本的注入，并在乡村发展中构建了"政府＋社会资本＋村集体"的创新合作模式（图4-10、图4-11）。

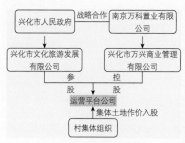

图 4-10 创新合作模式   图 4-11 垛田景观

·政府主导企业参与，探索乡村振兴新模式

万科作为社会力量主体承担农业产业、农产品经营、乡村旅游、研学教育、村内建筑、景观及部分公共性载体的投资，并与兴化市国资公司成立合资平台公司，专门负责东罗村的建设和运营。借助万科丰富的资源平台，立足现状基础，推动农业供给侧结构性改革，拓展新模式新业态，吸引更多资源、技术等要素回流。

·依托企业平台资源，打通农产品流通渠道

东罗优选全国金奖大米品种，划定规范种植的核心示范产区，加强全流程环节的标准化管理，保障农产品质量安全。在此基础上，打造形成乡村特色农产品品牌，借助企业资源平台，拓展农产品销售渠道，实现从田间到城市社区的农产品直营销售。

江苏以政策推动设计师下乡服务乡村建设

为解决长期以来乡村设计建设人才匮乏、标准缺失、脱离乡情、管理薄弱等问题，江苏近年来高度重视引导和鼓励设计师、景观师和营造师等专业技术人员全过程介入乡村建设（图4-12），从认知、技术、监督、服务和创意创新等多层面建立纽带，为乡村建设提供专业力量的支撑。

图 4-12 江苏省住房和城乡建设厅关于开展引导和支持设计师下乡的通知

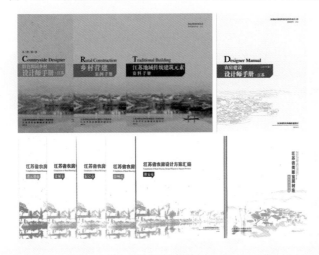

图 4-13 《乡村设计师手册》《乡村营建案例手册》《江苏地域传统建筑元素资料手册》《农房建设设计师手册》《苏北农房设计方案汇编》《江苏省美丽宜居村庄规划建设指南》

·编制乡建手册，为乡村建设提供技术指引

在乡村调查的基础上，在江苏特色田园乡村建设和苏北地区农民群众住房条件改善工作中，江苏省住房和城乡建设厅编制了《乡村设计师手册》《乡村营建案例手册》《江苏地域传统建筑元素资料手册》《苏北农房设计方案汇编》《江苏省美丽宜居村庄规划建设指南》《农房建设设计师手册》等一系列技术指引和图集（图4-13），供各地在推进乡村建设和农房改善中参考使用。

·发动专业力量，提升苏北农房改善水平

为推进苏北地区农民群众住房条件改善，江苏积极构建了第三方技术巡查和指导的工作机制。组织专业人员对各地农房设计、建造实施全过程巡查和跟踪指导（图4-14），同时构建了集知识普及、自主设计、参与互动为一体的技术服务平台"农房建设服务网"（图4-15），为农民建房和乡村建设提供免费的"菜单式"技术服务，积极探索建立设计师和农民沟通互动的新模式，着力提升苏北农房改善的质量和水平。

图4-14 苏北安装光伏屋顶的东坎镇新安农民集中居住点

图4-15 农房建设服务网主页

·借助"紫金奖"大赛平台，吸引社会关注

借助"紫金奖·建筑及环境设计大赛"平台，连续两届聚焦乡村建设主题，分别以"田园乡村""宜居乡村"为主题，采取"真题实做"的方式，进一步引导社会对乡村的广泛关注，激发设计师和社会各界人士对乡村建设的探索与思考，并鼓励他们积极投身乡村建设。两届大赛共收到两千余份参赛作品，通过层层筛选评比，产生了一批有特色的优秀作品，并在赛后加以完善，将创意成果落地转化（图4-16），建成一批具有地域特色、传承乡土文化、体现时代特征、可持续发展的示范性、实验性乡村建设实例。

图4-16 相继落地的紫金奖优秀作品

4.4 以美丽宜居乡村建设为载体，探索共建共治共享机制

1 2019 年 3 月，住房和城乡建设部《关于在城乡人居环境建设和整治中开展美好环境与幸福生活共同缔造活动的指导意见》。

村庄环境事关亿万农民切身利益，是农民群众最关心、最现实、最急需解决的难题。从乡村人居环境建设和农村环境整治工作入手，以乡村社区为基本单元，以建立和完善全覆盖的社区基层党组织为核心，通过决策共谋、发展共建、建设共管、效果共评、成果共享，推进人居环境建设和整治由政府主导向社会多方参与转变，能够最大限度激发人民群众的积极性、主动性、创造性，改善人居环境、凝聚社区共识、塑造共同精神，建设"整洁、舒适、安全、美丽"[1]的乡村人居环境，提升农村群众的获得感、幸福感和安全感（表 4-2）。

发挥村民主体作用的主要方式　　　　表 4-2

决策共谋 凝聚民意	以问题为导向，通过多种方式征集村庄发展建议；挖掘党员积极分子、村庄乡贤、能人等，通过课程培训活动提高村民共谋能力
发展共建 凝聚民力	以改善房前屋后为切入点，动员村民共建宜居环境；通过村民出工出力共建乡村基础设施，营造完整乡村
建设共管 凝聚民智	建立公共事物（务）认捐认管认养制度，开展户前三包活动，拟定村庄在资金使用、环境卫生、停车管理、自治公约等方面的准则，形成保障村民参与、相互监督与约束的共识性条例
效果共评 凝聚民声	拟定评选流程、标准、奖励等细则，通过照片、现场观看等方式，由村民共同对开展的建设项目、文化活动等进行评议，评选村民最满意的建设项目或者活动
成果共享 凝聚民心	通过共同缔造实现成果共享，自觉遵守村庄村规民约、环境卫生、停车管理等准则，满足人民群众对美好生活的不断向往

浙江景宁郑坑乡"最美畲家小院"评比活动[1]

　　浙江景宁郑坑乡为激发村民参与乡村事务的热情，开展了"最美畲家小院"评比活动（图4-17）。鼓励村民从各家各户的庭院入手，就地取材，利用废弃轮胎、瓦罐、竹子等装点庭院，让小庭院焕发新风貌。并由村民代表、村妇联、乡贤、乡村干部等组成评比小组，对作品进行打分，通过评比充分调动村民扮美家园的积极性。

图 4-17　第二届"最美畲家小院"评比现场

图片来源：http://k.sina.com.cn

1　资料来源：

[1] 佚名：《比颜值　比创意
景宁郑坑乡"最美畲家小
院"长什么样?》，http://k.
sina.com.cn/article_1708
763410_65d9a91202000
of4y.html?cre=tianyi&
mod=pcpager_news&loc=
15&r=9&doct=0&rfunc=6
0&tj=none&tr=9.

[2] 王欣雨、景宁：《"最美畲
家小院"评比助推"花样
村庄"建设》，http://gxxw.
zjol.com.cn/gxxw/system/
2018/10/17/031204168.shtml.

05

绘制新时代美丽乡村建设 "富春山居图"

● 现代版"富春山居图"的打造和美丽乡村建设应全面落实习近平总书记提出的"充分体现农村特点,注意乡土味道,保留乡村风貌,留得住绿水青山,记得住乡愁""尽可能在原有村庄形态上改善居民生活条件"等重要指示要求,防止简单采用城市规划设计建设手法,破坏"乡愁"和乡土味道,要优先保护自然生态基底和历史文化遗存,满足顺应当代农民的生产生活需求,采用乡土生态的建设手法,塑造鲜明的空间景观特色,实现广大农民对于美好生活的向往!

中共中央、国务院印发的《乡村振兴战略规划（2018—2022年）》提出要统筹城乡国土空间开发格局，优化乡村生产、生活、生态空间，分类推进乡村振兴，打造各具特色的现代版"富春山居图"。现代版"富春山居图"包括"产业兴旺、生态宜居、乡风文明、治理有效、生活富裕、城乡融合"的丰富内涵，这幅美丽乡村的新画卷，是人与自然和谐的生动写照，是当代人居理想在乡村的典型表达，是对中国特色人居环境、中华优秀传统文化、中国哲学智慧等的发展继承，是美丽中国的重要组成部分，也是中国贡献给世界解决城乡关系问题的中国方案。

图 5-1 黄公望（元）绘制的富春山居图

现代版"富春山居图"的打造需要美丽乡村建设的有力支撑和保障。只有通过美丽乡村建设改善乡村人居环境、提高基础设施和公共服务设施配套水平、提升乡村空间品质，把广大农村建设成农民幸福生活的美好家园，才能破除城乡二元结构，推动城乡协调发展，形成"立足乡土社会，富有地域特色，承载田园乡愁，体现现代文明的升级版乡村"。

美丽乡村建设是老百姓生活品质的直观体现。"小康不小康，关键看住房"，针对我国农民住房条件和乡村人居环境总体水平仍然不高的现状，要通过美丽乡村建设实现农民群众居住条件的改善、人居环境的优化和空间品质的提升，这是提高农民群众生活品质的基础工作，也是提升老百姓获得感和幸福感的重要途径。

美丽乡村建设是提升乡村发展水平的关键举措。通过美丽乡村建设，使乡村具备完善的设施配套、优美的人居环境、浓郁的地域特色、丰富的文化内涵，让乡村成为宜居的家园，让农民留得下、住得好，并吸引更多的人在乡村就业、创业，促进农村一二三产融合，共同推动乡村绿色发展。

美丽乡村建设是乡愁记忆保护的典型表达。留住乡愁就是要尊重乡村的历史和特色，保护人文资源和自然景观，为人们保留承载乡愁记忆的空间载体，同时处理好保护与发展的关系，让乡愁记忆成为绿色发展的驱动力。以尊重自然、保持传统特色为价值导向的美丽乡村建设，正是传承乡村文脉、保护乡愁记忆的典型表达。

乡村与城市是不同的空间聚落形式，城市是相对集中、高效、拥挤的，乡村则是相对分散、舒缓、闲慢的，乡村聚落呈现出低密度、低开发强度、与自然环境共生共融的基本特征，自然性和乡土性是其最大的特性。正是这种差别化的人居环境特色构成了乡村独特生活方式的吸引力，因此要防止用城市的手法规划建设乡村，破坏"乡愁"和乡土味道。美丽乡村建设要坚持保护优先导向、满足农民当代需求、采用乡土集约手法、塑造地域空间特色，体现"保、生、土、特"的建设导向。

坚持优先保护自然格局和传统文化（保）。以山水林田湖作为自然边界，保护乡村绿色生态基底和村庄原生植被，形成与自然有机共融的乡村聚落空间（图5-2）。保护好传统村落、历史文化名村等历史文化遗存，延续历史文化脉络，让乡愁成为有源之水、有本之木。

坚持顺应老百姓现代生产生活需求（生）。统筹规划建设农房、道路、基础设施、公共服务设施、公共活动场地和生产空间，满足农民对现代生活的向往，建设生生不息的当代活力乡村。

图 5-2　溧阳塘马村与自然环境共融
图片来源：陈超摄

　　坚持采用集约生态乡土的建造手法（土）。积极利用闲置资源，使用地方乡土材料和传统技艺，通过生态的建造手法，形成通过乡土质朴的村庄空间。

　　坚持塑造具有特色的乡村环境（特）。在传统营造智慧中汲取营养，传承地域建筑文化和传统空间格局，彰显自然田园景观，建设特色景观节点，塑造各美其美的村庄空间（图 5-3）。

图 5-3　乡土生态的南京世凹桃源滨水空间
图片来源：江苏省住房和城乡建设厅城建档案办公室

5.1 坚持保护优先导向

落实习近平总书记"留得住青山绿水，记得住乡愁"的指示要求，必须坚持保护优先。要优先保护乡村与自然的有机相融关系，保护乡村的自然生态基底，顺应河流、山体、植被的自然边界，控制村庄建设的高度、规模和尺度。要在保护好历史文化名村和传统村落前提下注重历史遗存和乡土文化的当代活化利用，发挥"乡愁"的文化力量。

5.1.1 保护乡村与自然的有机相融关系

（1）保护乡村的自然生态基底

习近平总书记指出"山水林田湖是一个生命共同体，人的命脉在田，田的命脉在水，水的命脉在山，山的命脉在土，土的命脉在树"。村庄作为生命共同体的重要组成部分，其建设要尊重和保护自然生态基底，要"像保护眼睛一样保护生态环境，像对待生命一样对待生态环境"，保护村庄周边和村庄内部的水体、山体及植被，让山水林田湖成为村庄生长的自然边界（图5-4），让大树、池塘成为村民喜闻乐见的公共"客厅"（图5-5），保护并传承村落与山水林田湖有机融合、和谐共生的关系。

图 5-4　保护原生植被，营造村在林中的
乡村景观 *

图5-5　保护村中大树，成为村庄的公共"客厅"
图片来源：江苏省住房和城乡建设厅：《江苏美丽宜居村庄规划建设指南》，2018，第82页

（2）控制建设规模和尺度

乡村的特色典型表现为建筑的低层低密度、村落空间的疏缓松透和布局的有机自然，体现出迥异于城市的高层建筑集中、开发强度高、人工布局整齐的乡村美学特点。因此新的村庄建设要尊重并顺应原有村落的格局和脉络，控制建筑高度和尺度，保持低层低密度的空间疏缓特色，避免大广场、宽马路等建设行为。村庄规模也不宜过大，对于确需集聚较大规模的新建村庄可采用"化整为多"的设计手法，结合原有村庄社会治理结构，采用组团式空间布局。

组团式布局

规模较大的村庄若采用集中式布局方式（模式一）（图5-6），会降低人居环境品质，增大对生态环境的破坏，并有可能增加道路等基础设施的技术难度和工程造价。可以将村庄化整为零，分解成若干规模较小的组团（模式二）（图5-7），并依据树木、河流、山丘等自然要素有机布局。组团式布局适用于丘陵、水网、平原等多种地形地貌，能够避免对自然的破坏，增加村民与自然的接触面和接触机会，有效分流交通，降低机动车通行频率，更适合于配套小型生态式基础设施，降低工程投入。

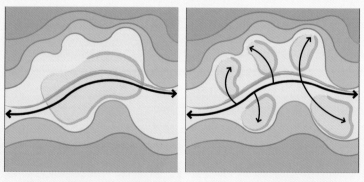

图5-6　模式一：集中式布局　　图5-7　模式二：组团式布局

图片来源：寇建帮绘制

（3）顺应自然的基底和边界

相较于城市人工建造的机械、直线、规整等空间特点，中国传统的乡村典型体现了《老子》中所阐述的"人法地，地法天，天法道，道法自然"。因此，乡村建设的边界应顺应自然基底和地形地貌，尽可能用山水林田湖作为空间限定要素（图5-8）。村庄内部空间应巧妙利用地形地貌变化，"形状无需规整，地势无需平坦"，顺应河流、山体、植被走势，借势就力，形成灵活的布局形态（图5-9）。在地形较为平坦的地区，可利用住宅布局、院落组合、建筑错落等多种方式打破单调的布局，形成丰富多变的村庄空间形态。

图 5-8　村庄建设顺应河流走向 *

图 5-9　依山就势建设乡村公共空间

图片来源：江苏省城镇与乡村规划设计院：《河北省邢台县英谈村村庄规划》，2014，第42 页

5.1.2　保护利用历史遗存的文化力量

（1）保护历史文化名村和传统村落

著名作家、中国传统村落保护和发展专家委员会主任委员冯骥才曾经说过：传统村落、历史文化名村是中国最大的物质和非物质文化遗产结合的产物，蕴含着丰富深厚的历史文化信息，是先辈们留给当代最为珍贵的瑰宝，其保护是头等大事。

要保护好历史文化名村和传统村落，制定科学合理的保护规划，划定保护范围，提出历史建筑、传统格局、风貌保护等相关要求，着力改善村庄基础设施和公共环境，并尽可能尊重原住居民的生活习惯和传统习俗（图5-10、图5-11）。

图 5-10　保护传统村落的空间环境和传统
风貌 *

图 5-11　传统村落中历史建筑的保护修缮
图片来源：江苏省住房和乡村建设厅：《江苏省
美丽宜居乡村规划建设指南》，2018，第 19 页。

1　周岚、陈浴宇等：《田园
乡村　国际乡村发展 80
例　乡村振兴的多元路
径》，中国建筑工业出版
社，2019，第 262-268 页。

山西省高平市良户村 [1]

　　良户村地处山西省高平市西南 15km 处，始建于唐朝中叶，现留有玉虚观、大王庙、魁星楼、祖师庙等古建筑。良户村形似展翅欲飞的凤凰，村内古民居连片成群（图 5-12），庙宇民居高低错落，构造精巧，尤其是随处可见的砖木石"三雕"技艺，精妙绝伦，堪称"活着的太行古村落"，2007 年成功入选中国历史文化名村。良户村坚持依靠当地村民，通过培育村民的保护意识、提升村民的生活水平、调动村民的积极性，让他们成为村庄保护、发展的主角。同时，通过原真性保护和修缮、提升人居环境、活化乡土文化、植入现代产业等方式，给村庄发展带来了转机，走上了历史文化遗存保护推动古村落振兴的发展之路。

图 5-12　良户村蟠龙寨全景

（2）活化利用历史文化遗存

伴随着时代的发展进步，乡村中的历史遗存和乡土文化的价值日益被当代人所青睐。乡村建设应在保护好历史文化遗存的前提下，采用传统营建方法进行有机更新，植入时代的新功能，变静态保护为动态保护，发挥文化的力量，发展具有文化内涵的绿色产业（图 5-13）。充分挖掘、利用传统技艺、民间习俗、名人典故等非物质文化资源，在村庄建设中予以彰显体现，塑造村庄历史文化特色，助推村庄产业发展（图 5-14）。鼓励村民参与保护和利用，引导农民通过传统手工艺加工制作、经营农家乐、民宿等方式发展改变，走出保护与活化并重的路子，形成特色资源保护和村庄发展的良性互动。

图 5-13　宗祠改造为农家书屋

图片来源：陆勇峰摄

图 5-14　苏州舟山村的核雕成为村庄发展的名片

图片来源：江苏省住房和乡村建设厅：《江苏省美丽宜居乡村规划建设指南》，2018，第 23 页

5.2　满足农民当代需求

要让农民成为最具有吸引力的职业、让农村成为安居乐业的美好家园，乡村必须在保护"乡愁"的同时推进农业农村现代化，乡村建设必须满足农民当代需求，运用当代设计建造方法，建设符合时代特点、乡村特色的绿色宜居新农房以及公共服务设施和基础设施。

5.2.1　绿色宜居的当代农房

农房是数亿农民安身立命的所在。从西北的窑洞，到闽南的土楼、西南的吊脚楼，千百年来，我们的祖先正是在生产力水平相对低下和相对封闭的环境下，就地取材，营造家园，在高效集约利用当地资源的同时，不仅满足了生产、生活的实际需求，还创造了丰富多彩的建筑样式，形成了令人惊叹的乡土建筑文化（图5-15）。

安徽宏村 *　　　　贵州长碛古寨 *　　　　江西篁岭村 *

广东上岳村 *　　　　浙江苍坡村 *　　　　江苏明月湾

图片来源：张晓鸣摄

图 5-15　中国各地代表性传统乡村民居建筑风貌

农房建设应确保安全，避免在严重污染地区、采矿塌陷区、地基承载力差的地区，以及泄洪区、行洪区等地段新建农房；结构、抗震、消防等方面应符合相关规范要求，在经济可承受范围内最大限度落实各项安全措施，延长农房使用寿命。

1　资料来源：冯路兴、向
军：《魅力金花：让"金
花"在灾后重建中精彩
绽放》，《江苏建设》
2013 年第 6 期。

四川省绵竹市金花镇玄郎村重建项目 [1]

5·12特大地震使金花镇 99.3% 的农房垮塌，房屋及设施损毁严重。根据江苏省委省政府部署，江苏常州市武进区对口援建金花镇。援建组开展系统的地震、地质灾害分析评估，按照避让断裂带，避让地质灾害隐患点，避让泄洪通道的原则，科学合理确定村庄布点和农房选址，在确保安全的前提下，规划采取与自然相融合，依山就势、分散安置、小型组团的布局方式。异地重建的村庄和农房受到了当地农民的欢迎，也成了绵竹灾后农房恢复重建的样本之一（图5-16）。

图5-16　绵竹金花镇玄郎村鸟瞰

农房建设需满足村民现代生活需求和卫生要求。房屋布局应紧凑方正，采光、通风要好，空间划分上要做到食寝分离、净污分离、人畜分离，老人和子女要有相对独立的空间，满足不同时期家庭结构变化的居住需求。配套合理的厨卫、电气和给排水设施，便于水电气、污水管网以及电视、电话、宽带等现代化设施的接入。

农房建设需满足农民生产需要。应根据农民需要，设置农机具房、农作物储藏间等辅助用房，并与主房适当分离，合理规划庭院空间，如设置凉台、棚架、储藏、蔬果种植等功能区，鼓励发展垂直立体庭院经济。

农房建设需符合乡村文化习俗。农房是乡土文化的体现，在农房的平面布置、建筑形式、建筑构造、立面与屋面形式等方面，需要尊重多年来形成的对朝向、开间、房屋高度、平面布局等的建筑要求，保留地域、民族特点，符合当地文化习俗，并合理设置祭祀、红白喜事、家庭聚会等功能活动场所（图5-17）。

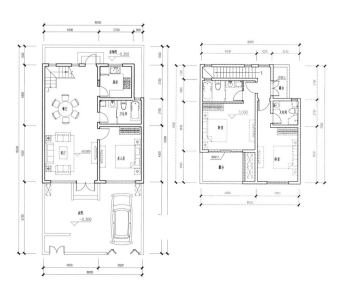

图 5-17　餐厅、客厅以及老人房应布置在首层，方便使用；院落空间区分软硬铺地，满足种植、停车等功能需求；对居室数量要求不高的农房可在二层布置露台，满足晾晒需求。

图片来源：江苏省住房和城乡建设厅：《江苏省特色田园乡村规划建设指南（第一版）》，2017，第 36 页

　　农房建设应体现绿色理念。建设绿色节能、健康舒适的新型农村住宅，是当前乡村农房建设的发展方向。应从设计、施工全过程综合考虑，使农房在全寿命周期内，最大限度地节约资源，保护环境和减少污染，为居民提供健康适用和高效的使用空间。结合气候特点，合理选用经济的绿色节能技术和材料，鼓励推广使用太阳能、风能、生物质能等绿色可再生能源。

1　资料来源：佚名：《德国黑森林弗莱堡村庄》，2017 年 4 月 10 日，https://m.baidu.com/tc?from=bd_graph_mm_tc&srd=1&dict=20&src=http%3A%2F%2Fwww.aifei.com%2Fnews%2F14875.html&sec=1557571952&di=6bd29565c523370c.

德国黑森林弗莱堡村庄太阳能供电[1]

　　弗莱堡部分乡村建筑采用了建筑师罗尔夫·迪希设计的屋顶太阳能住宅系统，也是欧洲最先进的太阳利用典范之一。屋顶大面积安装太阳能电池板，能够有效供给家庭日常用电（图 5-18）。

图 5-18　屋顶太阳能利用示意图

5.2.2 便捷顺畅的道路交通

道路是村庄对外联系的通道，在农民生产、生活和农村现代物流体系的构建中起着基础性的支撑作用。

（1）建好乡村公路

要按照"四好农村路"的标准和要求，到2020年，全国乡镇和建制村全部通硬化路，具备条件的建制村全部通客车，实现"建好、管好、护好、运营好"农村公路的总目标。在满足人民群众安全便捷出行的同时，充分发挥农村交通基础设施"助推器"作用，加快建设县、乡、村三级农村物流网络节点体系，构建资源共享、服务同网、信息互通、便利高效的农村物流发展格局。通过乡村公路的通村达户，带动农村产业全面提档升级，助推经济社会发展。

江苏省溧阳市"1号公路"

溧阳1号公路是江苏省首批旅游风景道，全长365km，连接该市86个行政村、352个自然村、220多个乡村旅游景点、23个美丽乡村和特色田园乡村试点村，对外快速连通周边7个县市。构建起"一路一景、一路一特色"的"大旅游"格局，有力助推溧阳全域旅游发展（图5-19）。

图5-19　溧阳"1号公路"
图片来源：陈超摄

重庆沙坪坝：农村公路上的"三合一"服务站

中梁镇普照寺水库旁，村民在新建成的土货集市上售卖农产品。据悉，土货集市是集公交站、市场、厕所为一体的"三合一"公路服务站（图5-20）。目前，集市已经修建完成并投用，供村民免费使用，售卖农产品。"以前蹲在路边卖菜，真的很危险。"村民陈素芬说："有了这个土货集市，不仅环境好了，安全也得到了保障，确实是为我们做了件大好事、大实事。"

图 5-20　中梁镇农村公路"三合一"服务站

图片来源：佚名：《沙坪坝：农村公路上的"三合一"服务站》，《沙坪坝报》2018 年 6 月 1 日，http://cq.qq.com/a/20180601/031402.htm

（2）配套完善村内道路

村内道路建设应经济适用、简单有效，满足村民日常生产、生活需求。避免简单使用外环路、中轴线、方格网、几何图形等城市住区道路建设方式（图 5-21、图 5-22）。

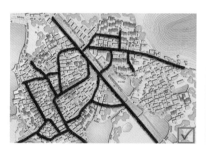

图 5-21　顺应地形地貌的自由形路网
图片来源：作者自绘

图 5-22　机械的方格路网
图片来源：作者自绘

村内道路线型应顺应村庄地形地貌、形态肌理和农民生产、生活需要（图 5-23），"宜曲不宜直"，不推山、不填塘、不砍树，与自然环境有机融合。要坚持节约建设的原则，结合道路功能需求，合理确定道路宽度、断面形式和铺装方式，有效控制建设成本，延续传统乡土特色，形成景随路移的村庄空间景观。

村内道路应宽度适宜，满足通行要求即可。避免大马路、宽绿化隔离带、机非分离、景观大道等城市道路断面形式。

道路铺装应经济生态，以非机动车通行为主的道路，可因地制宜采用碎石、砖块、瓦片等乡土材料铺设。鼓励采用废弃建材铺设路面，既乡土又经济（图5-24~图5-29）。

图5-23　丘陵山区道路线型在满足交通安全的前提下"宜曲不宜直"

图片来源：江苏省住房和城乡建设厅：《江苏省美丽宜居村庄规划建设指南》，2018，第28页

图5-24　沥青路面

图5-25　水泥路面

图5-26　青砖路面

图5-27　石板路面

图5-28　石砌路面

图5-29　碎石路面

图片来源：江苏省住房和城乡建设厅：《江苏省美丽宜居村庄规划建设指南》，2018，第32页

村庄停车场地应根据村民交通出行主要路线，选择村庄交通便利的地段，充分利用闲置地建设。场地规模适度，避免规模过大，鼓励"一场多用"，可兼作农作物晾晒、集市、文体活动场地。

（3）道路辅助设施建设

村内道路承担着敷设各类市政管线的功能，道路建设与相关市政管线的建设应尽量同步规划、同步建设，避免随意"开拉链"，造成浪费（图 5-30）。

因地制宜做好道路排水，当道路紧邻建筑，路面应适当低于周边地块，利于周边地块雨水排放。道路两侧为农田、菜地时，路面宜高于周边地块，让雨水漫排至农田、菜地。路肩设置应"宁软勿硬"，优先采用绿化、土质路肩（图 5-31）。

图 5-30　村庄道路与排水沟同步建设　　　　图 5-31　绿化路肩

图片来源：江苏省住房和城乡建设厅：《江苏省美丽宜居村庄规划建设指南》，2018，第 53 页

在村庄主次干道合理配置路灯，路灯设置不宜过密，宜采用节能灯具或者太阳能灯具，可通过单独架设、随杆架设和随山墙架设等多种方式架设。

村庄交通以步行为主，应在合适路段，通过设置减速带、人行道或进行路面窄化处理等方式，适当限制机动车通行速度，给村民特别是老人和儿童带来安全的生活环境。

5.2.3　经济适用的基础设施

村庄基础设施水平是农业农村现代化的重要体现，美丽乡村建设应着力补齐村庄基础设施短板，在规划引导下综合考虑经济发展水

平、地区资源、地形地貌、气候条件、建设难度等综合因素，因地制
宜确定基础设施的建设模式和标准。

村庄电力、通信应优先接入城镇网络，确保城乡同源、同网、同
质、同服务。极少数电力网络无法辐射的边远地区可灵活采用太阳
能、风能等方式独立供给。致力于消除城乡"数字鸿沟"，采用多种
方式和现代技术手段重点解决边远地区的宽带网络覆盖问题。

村庄供水、污水处理、供暖、供气等设施建设应考虑村庄与周
边城镇的区位关系和区域基础设施辐射能力，因地制宜选择安全、经
济、可靠的建设模式，一般可采用接入城镇或区域管网、局部集中建
设和分散单户独立建设等不同模式（表 5-1）。

三种建设模式的基本特点、适用情况及重点关注问题 表 5-1

序号	建设模式类型	基本特点	适用情况	重点关注问题
1	接入城镇或区域管网	城乡一体化的建设模式，纳入城镇管网统一规划建设，与城镇管网同源、同网、同质、同服务	临近城镇或区域管网且具备接管条件的乡村地区	由于区域系统规模较大，应重点关注基础设施系统的经济性和管网损耗，避免资源浪费
2	局部集中建设	相对集中的建设模式，可采用联村、单村或多户联合建设，具有相对稳定可靠、经济实用的特点	适用于远离城镇、分布相对集中的村庄	该建设模式类型多样，相对而言稳定性较弱，应加强供给质量的监管、监测
3	分散单户独立建设	每户独立建设	分布极为分散或者不具备集中建设条件的地区	应关注建设模式的经济性和稳定性

典型的村庄供水模式

接入城镇供水管网：邻近城镇或区域管网且具备集中供水能力的地区可采用城乡一体的供水模式。如江苏省吴江市为提高乡村地区饮用水质量，将城市自来水通过区域管网供往乡村地区，经过多年的努力，现已经实现自来水的通村达户（图5-32）。

图 5-32　引自城市管网的乡村地区生活用水
图片来源：江苏省住房和城乡建设厅城建档案办公室

局部集中建设供水管网：远离城镇或者区域供水管网，空间分布相对集中的村庄，可采用单村供给、联村供给等相对集中的供水方式。如江苏省句容市陈庄村位于茅山山脉深处，城镇区域供水管网较难到达，长期以来以山泉水作为生活用水，存在一定的饮水安全隐患。在江苏省特色田园乡村建设过程中，采用中国科学院南京地理与湖泊研究所研发的多重生物膜技术，形成了经济、安全、可靠的小型农村供水工程（图5-33），彻底解决了陈庄村百余户村民的饮水难题。

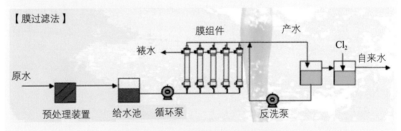

图 5-33　生物膜处理工艺示意图
图片来源：佚名：《可编程控制器在膜法工艺水处理的应用》，2011 年 4 月 11 日，http://gongkong.gongye360.com/paper_view.html?id=39945

单户（联户）建设洁水设施：布局较为分散或者不具备集中供给的村庄，可采用单户或者多户联合供给的方式。2015年四川省德阳市推进农村饮水安全工程，针对德阳现实条件，采用集中供水为主，单户（联户）供给为辅的供水模式。单户（联户）供给主要针对居住分散的山区村民，通过经济、安全、可行的方式，解决了农村居民饮水难题。

典型的村庄污水处理模式

接入城镇污水管网：邻近城镇或具备接管条件的村庄，应优先纳入城镇污水处理系统。如常州新北区按照"四统一"的模式推进污水处理工程，即全区的污水管网和污水处理设施按照"统一规划、统一设计、统一建设、统一管养"一体化原则实施建设，推动全区污水处理产业向一体化、规模化、集约化方向发展。2017年完成的39个村庄污水收集处理中，27个接入了市政污水管网系统，新建市政污水管网80km，完成村内管网长度约120km。

图5-34　膜生物反应器

图片来源：佚名：《德国农村污水处理案例》，2015年11月25日，https://wenku.baidu.com/view/20d48370b14e852458fb57ae.html

村庄集中建设污水处理设施：区位较偏远、人口相对集中、地形较平坦的村庄，可建设小型污水处理设施集中处理。德国农村就较为普遍采用相对集中的污水处理方式，就地处理，节省了管网造价。如德国海德堡较为偏远的诺伊罗特村，2005年底在村庄建造的膜生物反应器（图5-34），将雨水和污水分开收集，污水收集后通过膜生物反应器净化后排入水体。

图5-35　净化槽处理技术

图片来源：李爽蓉：《日本乡本污水治理的责任管理及其启示》，《现代农业科技》2016年17期，第170-171页

单户独立污水处理：地形地貌复杂、居住分散、污水不易集中收集的村庄，宜采用相对分散的处理方式。日本自20世纪60年代中期开始对乡村家庭生活污水采取分散式处理，到2004年日本各地基本完成乡村污水分散处理设施建设，主要采用户用净化槽处理技术，目前日本大约有800多万个净化槽（图5-35）。经过几十年的发展，净化槽处理方式对日本农村生态的改善和环境治理，发挥了巨大作用。

典型的村庄供气模式

接入城镇管网的集中供气模式：靠近城镇燃气管网或供气厂站周边的村庄可采用集中管道天然气供气的模式。如杭州萧山区靖江街道义南村通过天然气"进村入户"改善了村民的生活条件，工程总投资341万元，费用由村级和农户共同承担（图5-36）。

图5-36　村庄接入燃气管网*

采用CNG/LNG分散供气模式：距离气源较远或条件限制暂时无条件实施区域供气的村庄，可采取以CNG/LNG为气源的进行单村或联村供气模式。如河北省任丘市采用"点供模式"对偏远村庄进行供气，在三五个挨得比较近的村庄间优选地点建设一个气化站，铺设局域管网，再在各村形成小型低压供气管网，向各户供气。

单户分散式供气模式：以户为单位，采用灌装液化石油气进行供气，满足分散农户的能源利用需求（图5-37）。

图5-37　瓶组供气*

典型的村庄供暖模式

接入城镇管网的集中供暖：位于城镇供暖管网辐射范围内的村庄优先接入城镇供暖管网。瑞典是北极周围国家之一，冬季漫长而寒冷，瑞典乡村大部分采用区域供暖。供暖设施自动化运行水平高，热源、热网、热力站、用户末端均采用自动控制，系统运行维护的人员少。而且集中供热系统全年运行。在冬季同时为建筑供热和加热生活热水，在夏季仅仅加热生活热水，不为建筑供热（图5-38）。

图5-38　瑞典乡村集中区域供暖与燃气锅炉房*

村庄集中建设供暖设施：远离城镇供暖
管网范围且空间相对集聚的村庄可采用整村
集中供暖的方式。如山东省即墨市王演庄北
村集中供热，是全区农村分布式供热的试点
村庄，村庄采用高效生物质气化锅炉作为供
热站，使用处理、固化成型后的农作物秸秆、

图 5-39　空气源热泵供暖 *

木屑、花生壳作为生物质燃料，实现了全村 300 多户村民集中供暖，供暖费
每平方米三四十元，与城镇集中供暖基本持平。

单户供暖模式：以户为单位的供暖模式，鼓励采用空气源热泵、蓄热式
电暖器等清洁取暖技术（图 5-39）。

村庄生活垃圾的处理应强化源头分类减量、推动有机垃圾资源
化利用和其他垃圾的无害化处置。垃圾分类应采用村民弄得懂、易操
作、可接受的方法，调动村民积极性。推动实现生活垃圾源头分类减
量。分类后的有机垃圾（菜叶、果皮、剩菜剩饭、枯枝、败叶等）可
采用阳光堆肥房、有机垃圾集成处理机、小型发酵桶等多样化的方式
进行就地处理。可回收垃圾应单独分类回收，进入资源回收系统。有
毒有害垃圾应当单独分类回收，进行无害化处理。其他垃圾城镇密集
地区或靠近城镇的乡村，可通过"组保洁—村收集—镇转运—县市集
中处理"的城乡统筹处置方式进行处理；其他乡村地区可通过合理选
址建设垃圾无害化卫生填埋场等方式进行处理。

农村生活垃圾分类处理金华模式 [1]

1　资料来源：刘畅、梁东
花、陈水：《国外经验
对我国农村垃圾处理的
启示》，《小城镇建设》
2016 年第 8 期。

通过农户初分及保洁员再分实现二次四分，区分"可沤肥""可回收利
用""有毒有害""其他"四类垃圾，并采用不同策略进行处理。分类方法简
单实用，使农村生活垃圾处理可接受、可推广、可承受、可持续（图 5-40）。

图 5-40　农村生活垃圾分类处理模式图

图片来源：作者自绘

英国农村垃圾的分类和资源回收率高于城市

英国农村垃圾处理在技术细节上具有很强的针对性，通过分类和资源回收，垃圾处理量大幅降低，分类后的有机垃圾主要采用小型家庭堆肥处理技术，约占英国生活垃圾产生量的18%，而大型工程化的MBT堆肥处理设施处理量不到英国全国生活垃圾的5%（图5-41）。

图 5-41　英国细致的农村生活垃圾分类

图片来源：http://www.nxing.cn/wap/article/17089661.html

5.2.4　集约利用的公共设施

村庄公共设施建设应树立"底线"意识，满足村民基本的生产生活需求（图5-42～图5-44），并把性质相近、联系密切的功能合并设置，实现空间的复合利用和集约建设。公共服务设施建设应规模适度，避免设施体量规模过大，与村庄传统空间尺度不符，并造成公共资源的浪费。

图 5-42　乡村幼儿园*　　　　图 5-43　乡村卫生室*　　　图 5-44　乡村文化礼堂*

在确保使用安全的前提下，鼓励使用村庄闲置厂房、仓库、学校等改造为村庄公共服务设施，既能够激活村庄存量资源，实现资源循环再利用，又可以体现独特的时代性和地域文化特色（图5-45、图5-46）。

图 5-45　将闲置房屋改造成为村委会

图片来源：江苏省住房和城乡建设厅：《江苏省美丽乡村规划建设指引》，2018，第 21 页

图 5-46　东梓关村村民活动中心

图片来源：佚名：《大屋檐下的微型小世界——东梓关村村民活动中心》，新浪网 2018 年 6 月 14 日，http://k.sina.com.cn/article_3914163006_e94d633e020008wzl.html

　　具备条件的地区，应根据地方财力和村民需求，灵活增加如托老所、村史馆、乡村记忆馆等其他公共设施，满足村民对于文化、娱乐、健身、托老等公共产品日益旺盛的需求。鼓励和引导社会资本通过多种方式投资建设公共设施，增强公民享受服务的选择权和灵活性。

福建省平和县桥上书屋

　　"桥上书屋"是在两座乾隆年间的土楼之间架起的一个书屋，也是村里的希望小学，造价 65 万元。整个作品采取钢桁架结构，没有完全被当地特有建筑风格和材料所束缚，外表面采用木条格栅，用钢龙骨固定。看起来细如线，在室内看既可遮阳通风，又可依稀一览这乡间美景，设计精致巧妙。该书屋屡获殊荣，在 2010 年获得世界六大最著名的建筑奖之一的阿迦汗建筑奖，世界新锐建筑奖第一名，全球八大环保建筑唯一上榜的中国建筑（图 5-47～图 5-49）。

图 5-47　桥上书屋总平面

图片来源：佚名：《桥上书屋——一座横恒古老与现代的建筑》，搜狐网 2017 年 12 月 27 日，http://www.sohu.com/a/213174661_684595

图 5-48　桥上书屋室内　　　　图 5-49　桥上书屋外观

图片来源：佚名：《桥上书屋——一座横恒　图片来源：佚名：《桥上书屋——一座横恒
古老与现代的建筑》，搜狐 2017 年 12 月 27　古老与现代的建筑》，搜狐 2017 年 12 月 27
日，http://www.sohu.com/a/213174661_684595　日，http://www.sohu.com/a/213174661_684595

5.3 采用乡土生态手法

习近平总书记指出，"建设美丽乡村，是给乡亲们造福，不要把钱花在不必要的事情上"。村庄建设应生态节约，根据村民生产生活需求和审美习惯确定建设的内容、形式与规模，体现"自然、自由、有机、生态"的原则。少一点硬化、多一点绿化；少一点人工、多一点自然；少一点城市做法、多一点乡土味道，彰显村庄自然美、协调美、个性美（图 5-50 ～图 5-52）。

图 5-50　自然生态的驳岸

图片来源：作者自摄

图 5-51　生态型的公共活动场地
图片来源：作者自摄

图 5-52　废弃青砖铺设的路面
图片来源：作者自摄

5.3.1　优先利用闲置资源

　　应坚持资源节约的导向，优先选择在老村庄插建、扩建，使用村庄闲置建设用地和闲置宅基地，提高闲置空间的资源化利用程度。在保障使用功能的前提下，鼓励闲置资源的创新利用，鼓励使用废弃砖瓦铺设围墙、道路，鼓励使用木、竹、石等低成本乡土材料，既能节约建设成本，又能体现乡土特色（图 5-53 ）。

图 5-53　废弃砖瓦砌筑的围墙
图片来源：作者自摄

连云港市小芦山特色田园乡村建设

连云港市小芦山特色田园乡村规划建设保留废弃的水利设施及附属建筑，将其改造为村民公共活动中心，既实现了闲置资源的再利用，又再现了20世纪50年代乡村风貌，具有浓郁的乡土特色（图5-54、图5-55）。

图 5-54 改造前照片

图片来源：作者自摄

图 5-55 改造后示意图

图片来源：作者自摄

5.3.2 创新使用乡土材料

传统乡村建设受科技水平和经济条件限制，建筑材料大都来自当地。不仅节约造价，还很好地利用了资源，体现了人与自然和谐共融的乡土文化特色。

随着科技进步和建材产业化发展，现代建筑材料品种丰富、获得途径便捷多元。但从绿色生态的理念出发，就地取材仍是乡村建设的重要导向。尤其值得指出的是，当代技术工艺的发展，已经能够有效解决传统竹、木等乡土材料的渗漏、易腐、持久性与抗震性差等问题。应按照经济适用、方便易行、施工简便的要求，积极推进乡土材料的当代创新利用（图5-56~图5-58）。

图 5-56　利用空心砖、原木、钢等建筑材料

图 5-57　利用块石、原木、茅草等建筑材料

图 5-58　利用竹、木、茅草等建筑材料

图片来源：江苏省住房和城乡建设厅：《江苏省特色田园乡村规划建设指南（第一版）》，
2017，第 28 页

5.3.3　传承乡土营造技艺

　　乡土营造技艺是我国传统文化的重要组成部分，重视乡土营造技艺的保护、传承与创新是延续地域传统文化的必要举措。应通过"师带徒"等模式，培育壮大乡村工匠队伍，传承发扬传统营造技艺。积

极推广乡土营造技艺在美丽乡村建设中的使用，探索乡土营造技艺融入当代乡村建设的合理途径，鼓励引导美丽乡村建设融入本土元素、体现传统精神、彰显地域特色。

溧阳市乡村工匠培育

自2011年以来，溧阳市在村庄环境整治、美丽乡村建设、特色田园乡村试点建设中，注重培育乡村工匠，利用乡土材料，挖掘乡村工艺，打造本乡本土特色。通过这几年的努力，不仅让乡村面貌有了巨大改变、乡村特色得到充分彰显，而且也发现培育了一批默默付出、敬业爱岗、手艺精湛的乡村工匠，他们有的是乡村建设项目的现场负责人，有的是直接从事乡村工程建设的木匠、石匠、泥瓦匠、园艺师。他们是乡村建设的实践者和贡献者，他们匠心独运、精心构筑，使出自己的"真本榔头""浑身本事"，就地取材、土法上马，在全省美丽乡村示范点、特色田园乡村试点工作中留下了精彩纷呈、可圈可点的作品（图5-59）。

图5-59　部分溧阳乡土工匠的作品

图片来源：佚名：《溧阳市"最美工匠""精美工匠""匠心手艺人"》，2018年2月22日，
https://mp.weixin.qq.com/s/K9sOL1QbeC1j6H8pxEPKJA

5.4 绘制美丽乡村新画卷

5.4.1 地域建筑文化的传承创新

　　遍布在广袤的中国大地上的乡村民居展现了千姿百态的动人风情。西北山坡上层层叠叠的窑洞，东南沿海质朴古雅的土楼，江南水乡烟雨中的小桥流水人家……这些历经千年岁月洗礼而延续至今的乡村民居，无不显示着先民们高超的营造智慧，体现着精湛的建筑技艺，蕴含着"天人合一"的文化精神与"顺从自然以控制自然"的深邃哲理，不仅是中华优秀传统文化的载体，更是今天乡村建设的文化根基和创新源泉（图5-60～图5-62）。

图 5-60　河南陕州地坑院 *

图 5-61　江南水乡民居 *

图 5-62　福建传统土楼民居 *

　　乡村建设应传承发展地域建筑文化，坚持本土、乡土、原生特色，结合当地自然条件，充分挖掘地方文化内涵，因地制宜地进行设计。注重引导正确的消费观和审美观，倡导质朴简洁的建筑风格，避免照搬城市模式，杜绝西洋别墅式建筑在乡村地区的泛滥。统筹考虑建筑与当地环境、地域传统文化的关系，既充分体现当代的生态观、审美观，又要延续原有的建筑风格，同时注重乡村民居与自然景观相融合，与农村的社会文化特点相融合，突出地域和民俗特色（图5-63、图5-64）。应在形式、色彩、装饰、细部等方面充分吸取地方、民族的建筑风格，采用传统构件和装饰。注重传承当地的传统构造方式，鼓励使用当地的石材、生土、竹木等乡土材料，并结合现代工艺及材料对其进行改良和提升。

图5-63　新建建筑鼓励利用乡土材料　　　图5-64　新建建筑宜保留地域乡土特色

图片来源：江苏省住房和城乡建设厅：《江苏省特色田园乡村规划建设指南（第一版）》，2017，第30页

江苏省昆山市昆曲学社

　　江苏省昆山市昆曲学社在传统民居建筑形式和空间布局组织中汲取营养，创新发展苏南民居特色（图5-65）。

图5-65　昆山昆曲学社

图片来源：江苏省住房和城乡建设厅：《江苏省特色田园乡村规划建设指南（第一版）》，2017，第30页

江苏省盐城市灾后重建中的地域建筑文化特色塑造

2016 年 6 月 23 日，江苏盐城发生特大龙卷风冰雹灾害，造成房屋倒塌、人员伤亡、道路受阻、农业设施受损等灾害。政府第一时间开展灾后救援，在做好应急救灾工作的基础上，组织专家赴灾区开展灾后农宅恢复重建调研，全力支持灾区恢复重建工作。

针对农宅重建工作需求，江苏省住建厅组织设计单位编制《盐城市"6.23"灾后恢复重建村庄规划建设技术指引》，对农房设计提出技术指引。同时，根据传统民居风貌调查成果，编制了《盐城市具有传统风貌特征的民居照片资料集》，从布局、色彩、屋顶、墙体、材料、门窗、装饰等方面总结盐城民居建筑特征，梳理、提炼出的盐城传统建筑元素和文化符号，供规划单位、设计单位参考使用（图 5-66）。

这使得盐城灾后重建的农民住宅，不仅符合农房抗风防灾的安全性要求，满足农民现代生产生活的需要，还得以传承凸显盐城传统建筑文化特色（图 5-67）。

图 5-66　盐城地方传统建筑元素梳理

图 5-67　新建建筑中的塑造地方建筑文化特色

图片来源：江苏省住房和城乡建设厅：《盐城市"6.23"灾后恢复重建村庄规划建设技术指引》，2016

5.4.2　村庄公共空间的特色营造

　　村庄特色公共空间建设应巧妙利用村口、河滨、小桥、大树以及其他特色景观，结合乡村公共设施的建设布局，通过经济林果、瓜果蔬菜等乡土适生的绿化景观（图 5-68），或者乡土质朴的构筑物、小品（图 5-69），营造村民喜闻乐见的特色公共空间，既方便村民交流使用，又体现村庄独特个性。

百年古树下的特色公共空间

图片来源：作者自摄

结合原生植被形成的特色公共空间

图片来源：江苏省住房和城乡建设厅：《江苏省美丽宜居乡村规划建设指南》，2018，第 73 页

结合农作物的特色公共空间

图片来源：作者自摄

图 5-68　利用原生植物或者农作物形成的特色公共空间

废弃建材铺砌的矮墙、小广场成为村庄特色公共空间

图片来源：作者自摄

利用乡土材料砌筑的竹篷成为村庄特色公共空间

图片来源：佚名：《匠心 / 用竹篷复兴老村的消极空间——安徽尚村"竹篷乡堂"》2018 年 8 月 22 日，http://www.archcollege.com/archcollege/2018/8/41478.html

一口古井成为村庄特色公共空间

图片来源：江苏省住房和城乡建设厅：《江苏省美丽宜居乡村规划建设指南》，2018，第 74 页

图 5-69　利用构筑物、小品形成的特色公共空间

乡土质朴的村口空间

村口是村庄对外交流的门户和窗口，应具有一定的标识性，并力求体现村庄产业、乡土文化等个性特色。村口尺度应亲切宜人，避免体量过大、比例失衡、造型夸张，避免简单使用景石、雕塑、牌坊等建造方式（图5-70）。

鼓励利用村庄原有的大树、小桥、古井、戏台等标志性景观资源作为村口，既能激发村民对于村庄的情感认同，又能体现村庄特色。亦可使用构筑物小品营造村口，也可种植色彩明快的高大乔木，或者通过一定规模的植物群组和景观小品组合，形成层次丰富的村口形象（图5-71~图5-74）。

图5-70　体量夸张的村口牌坊*

图5-71　南京桦墅双行乡土拖拉机村口

图片来源：江苏省住房和城乡建设厅：《江苏省美丽宜居乡村规划建设指南》，2018，第59页

图5-72　利用老石桥作为村庄村口*

图5-73　质朴的木质村口标识

图片来源：作者自摄

图5-74　乡土的石砌村口标识

图片来源：作者自摄

自然生态的滨水空间

水是生命之源,是让乡村灵动且富有魅力的重要资源。在村庄建设过程中一方面要改善河流水质,另一方面,要注重滨水空间的环境塑造,营造村民喜爱的开放空间(图5-75、图5-76)。

要种植乡土适生的滨水植物。滨水植物是乡村生态系统的重要组成部分,具有净化水质、固岸和美化环境的作用,村庄建设应避免盲目砍伐原生滨水植被。选用自然生态、乡土适生的滨水绿化,注重河塘亲水、挺水植物种植,打造丰富多变的滨水景观(图5-77、图5-78)。

要采用生态透水的驳岸形式。河塘驳岸(有泄洪、航运需求的除外)应提倡缓坡、生态化处理,若需要对驳岸进行加固,宜选择生态透水的驳岸加固形式。若需大面积使用硬质驳岸,应避免断面连续过长,并尽可能采用透水材料或透水铺装,提高水体的自净功能(图5-79、图5-80)。

图5-75　小河旁的步行道*

图5-76　宜人的滨水公共空间*

图5-77　原生态的滨水绿化

图片来源:江苏省住房和城乡建设厅:《江苏省美丽宜居乡村规划建设指南》,2018,第77页

图5-78　生机盎然的水生植物

图片来源:作者自摄

116

图 5-79　生态透水的砖砌驳岸　　　　　图 5-80　生态透水的石砌驳岸

图片来源：江苏省住房和城乡建设厅：《江　　图片来源：江苏省住房和城乡建设厅：《江
苏省美丽宜居乡村规划建设指南》，2018，　　苏省美丽宜居乡村规划建设指南》，2018，
第 78 页　　　　　　　　　　　　　　　　　第 78 页

多元活力的健身休闲空间

伴随着经济社会的发展和村民生活条件的改善，农民群众对于健身、休闲等需求日益多元、旺盛。健身休闲空间成了村民喜闻乐见的"公共客厅"，也是村庄空间特色彰显的重要载体（图 5-81）。

图 5-81　戏台前的公共活动场地

图片来源：佚名：《黄姚古镇游记》，2016 年 8 月 20 日，http://blog.sina.com.cn/s/blog_a4a0c2950102wmhy.html

健身休闲空间应关注村民多元的现代公共生活需求，功能配置合理、活动组织有序。空间建设应尺度适宜、比例协调、依形就势、灵活建设。应巧妙利用原生植被，适度点缀乡土适生植物和瓜果蔬菜，塑造宜人景观环境。应注重串点成线，推动形成村庄特色空间体系，成为村民便于使用、乐于使用，具有鲜明特色和多元活力的公共空间（图 5-82～图 5-85）。

117

图 5-82　百年古树下的休闲场地

图片来源：佚名：《下猷阁：岁月静好，现世安稳》，2015 年 6 月 11 日，http://csnews.zjol.com.cn/csnews/system/2015/06/11/019430632.shtml

图 5-83　原生树林中的休闲场地

图片来源：佚名：《下猷阁：岁月静好，现世安稳》，2015 年 6 月 11 日，http://csnews.zjol.com.cn/csnews/system/2015/06/11/019430632.shtml

图 5-84　结合休闲凉亭设置健身场地＊

图 5-85　在小树林中的健身场地＊

5.4.3 聚落田园景观的有机彰显

田园是乡村主要的生产空间，田园景观的丰富性和季相性也让其成为彰显乡村田园意境的主要载体，古代文人留下"梅子金黄杏子肥、麦花雪白菜花稀"等诸多诗意描绘。大地田园景观特色是村落最美、最自然、最具有特色的辽阔背景。村落整体空间布局应与田园、林地相互融合，结合农业产业布局和特色产业发展，营造"村田相映"的空间景观，塑造田园建筑、田园景观、田园风光（图5-86）。

图5-86　各具特色的田园风光是最自然、最美的风景，也是村庄特色的天然背景 *

1 资料来源：周岚、陈浴宇等：《田园乡村　国际乡村发展80例　乡村振兴的多元路径》，2019，中国建筑工业出版社，第80-84页。

浙江省临安市指南村 [1]

指南村位于天目山东麓，太湖源头的南苕溪之滨。世世代代以来，指南村村民遵守尊重自然、敬畏自然、与自然和谐共处的生存原则，村里至今完好保存着近300株古树，树龄都在百年以上，最古树龄近千年。每到秋季，银杏金黄，红枫似火，如绚烂的云霞将白墙灰瓦的幽静古村点染成一幅美轮美奂的彩画，被赞为华东最美古村落，江南最美秋景（图5-87）。

指南村的美丽景色吸引着越来越多的摄影爱好者和游客前来观光旅游。为此指南村围绕"江南最美秋景"品牌营造，抓住浙江省实施美丽乡村建设行动的机遇，不断提升乡村风貌特色，完善设施配套，丰富旅游产品，推动乡村产业协同发展。2011年，指南村成为临安市"绿色家园，富丽山村"精品村，2012年成为杭州"美丽乡村"精品村。在此基础上，浙江省从2015年开始推进特色小镇建设，指南村抓住特色、因地制宜、精心布局，营建了"红叶指南"特色小镇，逐渐成为望得见山、看得见水、记得住乡愁的村落景区。

图5-87　指南村秋景

5.4.4 乡村画卷的联动塑造

习近平总书记要求"通过振兴乡村,开启城乡融合发展和现代化建设新局面,按照促进生产空间集约高效、生活空间宜居适度、生态空间山清水秀的总体要求,形成生产、生活、生态空间的合理结构"。(图 5-88、图 5-89)

图 5-88　宜居适度的生活空间 *　　　　图 5-89　山清水秀的生态空间 *

保护生态、发展生产、便利生活的要求最终都要落实到空间上。有别于城市基于产业分工的生产、生活、生态分离的现代功能分区布局,乡村"三生"空间的有机融合是乡村魅力和乡村特色的重要体现,是相互作用、相互交叉的共生关系。生态空间是乡村空间的重要底色;生产空间的高效集约是维持生态空间安全和生活空间优质的核心动力;生活空间是人与自然有机共生的场所,是维系"三生"空间的重要纽带。因此,统筹整合"三生"空间,规划建设"三生"融合的美丽乡村,是增强乡村空间品质特色的重要切入点,也是打造美丽乡村新时代画卷重要支撑点。

美丽乡村新时代画卷的绘制,要以生态功能保障基线、环境质量安全底线、自然资源利用上线为基底。要将生态基底保护、区域生态环境治理同美丽乡村新画卷建设有机结合、联动起来,既助力区域和城乡的绿色发展,又从区域层面推动建设美丽中国,彰显美丽中国的丰富多彩大地景观特色。

美丽乡村新时代画卷的绘制,要优先选择好山好水、资源集中地段打造新时代乡村魅力地区，可以从特色要素集中、公众认知度高、文化特色鲜明、景观塑造性好的乡村及相关特色资源为切入点进行系统塑造，并联动培育农业地理标志品牌，组织发展各具特色的农产品种植、传统手工艺、休闲度假、旅游观光、养生养老、创意农业、农耕体验等产业，促进乡村地区一二三产融合发展，既推动农业农村供给侧结构性改革，推动乡村振兴和绿色发展，又带动文化和旅游消费增长、满足人民群众不断增长的美好生活需要。

1　资料来源：江苏省住房与城乡建设厅：《江苏省城乡空间特色战略规划》，2016，第78页。

江苏省当代城乡魅力特色区的培育 [1]

　　2017年，江苏立足省域多元特色资源，制定了《江苏省城乡空间特色战略规划》（以下简称《规划》）。《规划》跳出城市建成区，在广袤城乡空间以特色城镇、美丽乡村和特色景观资源联动发展为切入点（图5-90），优选具有较高的空间完整度、资源集中度、要素复合度和景观可塑性强的地区作为当代城乡魅力特色区（图5-91），形成"江苏新四十八景"。通过规划引导、建设示范、精心培育、联动塑造，形成展现诗情画意的人居新空间和百姓宜居、宜业、宜游的美好家园。《规划》是江苏在全球化背景下的特色地方化尝试，以空间特色为切入口，试图运用物质空间规划手法来撬动包容性发展、区域融合、经济社会文化可持续等整体发展目标实现。《规划》荣获2017年度国际城市规划师协会"规划卓越奖"，2018年全国规划设计一等奖。

图5-90　江苏特色景观资源

图5-91　江苏当代城乡魅力特色区塑造指引

　　美丽乡村新时代画卷的绘制，要加强区域特色风貌的系统联动塑造。深入挖掘区域的自然、人文、产业等特色资源，通过统筹规划区域联系通道，串点连线成片，推动特色资源集成并形成联动效应，全面提升区域景观风貌与人居环境品质，彰显区域自然特色、文化特色和产业特色，推动乡村区域魅力特色发展，绘制新时代美丽乡村建设"富春山居图"！

123

06

案例

● 本章介绍了国内四个乡村建设发展的优秀案例，以期为地方决策者、实践者、建设者提供参考借鉴。

1 资料来源：周岚、陈浴宇等：《田园乡村　国际乡村发展 80 例　乡村振兴的多元路径》，中国建筑工业出版社，2019。

6.1　关中网红的美食之路：陕西袁家村[1]

袁家村，位于陕西省礼泉县烟霞镇，地处关中平原，距离西安 78km。20 世纪 70 年代，是典型的关中贫困村，现在被美誉为"关中第一村"。

2007 年以来，袁家村人瞄准当代城乡发展中对于特色休闲乡村旅游的需求，以关中美食为基础提出打造"关中民俗文化旅游第一品牌"的目标，建成民俗味道浓厚、地域特色鲜明的"关中印象体验地"。经过 10 多年的努力，村庄汇聚了 800 多创客，吸纳了周边 3000 多人就业，带动周边万余农民增收。2016 年袁家村共接待游客逾 500 万人次，旅游总收入 3.2 亿元，村民人均纯收入达到 7.5 万元，村集体资产较 10 年前增长了 10 倍，先后获得"中国十大最美乡村""中国十佳小康村""中国最具魅力休闲乡村""国家特色景观旅游名村"等称号（图 6-1）。

图 6-1　袁家村手绘地图

6.1.1　地道关中美味，食品质量安全可信

袁家村选择以美食作为发展民俗文化旅游的切入点，广泛搜罗百余种地道的关中美食，将自身打造成为独具特色的关中民俗美食博物

馆。除了品类繁多，还保证质量可靠。店铺所需要的面粉、调味品、油等关键食材，均由村里组建农民专业合作社自产自销，统一供货和调配，保证食材的品质和新鲜度（图6-2）。所有产品现做现卖、现场展示并鼓励游客参观、体验。经营者都意识到食品质量是他们的生命线，农民自己捍卫食品安全的理念深入人心（图6-3、图6-4），袁家村美食也越来越受到人们的信任和青睐。

图6-2　丰富的地道美食

图6-3　处处可见的狠抓食品安全

图6-4　食品安全保证书

6.1.2　延伸产业链，打造高附加值农副产品品牌

在火爆的美食体验基础上，袁家村逐步建立起农副产品种养殖、加工包装和营销产业链，经营规模不断扩大，经济效益不断提升，部分农副产品的市场、加工和种养殖基地逐步走出袁家村，农副产品还

以"旅游+""互联网+"，实现线上线下同步销售，品牌价值更加凸显。由此，袁家村实现了农产品生产、加工制造和销售联为一体，形成了三产融合发展的良好格局。

6.1.3 能人带头、全民参与，走共同致富之路

"一家富不算富，大家富才算富"。袁家村今天的成功，离不开以郭裕禄、郭占武父子为核心的村两委班子的带头作用，尤其离不开郭占武的领军作用。郭占武接棒父亲郭裕禄担任村支书后，凭借着自己敏锐的眼光发现了时代背景下乡村旅游发展的巨大机遇，带领全体村民义无反顾地走上了二次创业、转型发展之路。

为了充分调动农民参与的积极性，郭占武提出"全民皆兵"的概念，强化农民的共同体意识。村民的土地等经营权流转给村集体统一经营，村内的集体资产明晰量化，变为每户村民可记名、可量化、可分配的股权资产，全体农民都是建设经营的参与者、监督者和利益分享者。为了解决贫富差距问题，推动酸奶作坊、醋坊、油坊等作坊改制股份合作社，由村委会下属公司进行经营。村民私人参股，形成"你中有我、我中有你、人人努力、互相监督"的机制，通过利益捆绑，有效地避免了恶性竞争，解决了各种利益冲突问题，从而实现共同致富。

"讲到袁家村这些年的成功，我认为乡村旅游确实是我们探索的一条成功途径，但并不是袁家村发展的核心，也不是最终目的。要打造百年袁家村，核心在于产业的发展。从2007年至今，袁家村的产业发展经历了三个阶段，从关中民俗旅游，到发展乡村度假游，再到现在发展农副产品产业链。一步一个脚印，袁家村都是在不停地探索，由村干部带着村民一起致富（图6-5）。"

——袁家村党支部书记 郭占武

图 6-5　袁家村党支部书记郭占武带领村民致富

图片来源：中国劳动保障报襄阳记者站叶星摄

6.2 悠然山水间的江南水墨画：浙江东梓关村[1]

1 资料来源：周岚、陈浴宇：《田园乡村　国际乡村发展 80 例　乡村振兴的多元路径》，中国建筑工业出版社，2019。

　　东梓关村位于秀丽的富春江南岸，背山临江，隶属杭州市富阳区场口镇，是典型的江南水乡。东梓关村历史悠久、文化深厚，是古徽杭水道上重要的关隘，清末民初的商贸集散地。村庄内有近百座明清古建筑，被列为中国传统村落。著名作家郁达夫曾在此创作同名小说《东梓关》。

　　随着水运衰落和不断加速的城市化进程，东梓关和很多村庄一样，面临房屋老旧破败、劳动力严重外流的问题，渐渐失去活力。为改善这一状况，村庄引入专业设计团队，剖析地方建筑特色，深入了解、回应、关联原住民生活。通过对村庄独特建筑风貌进行整治塑造，对特色资源进行挖掘，对多元文旅业态进行整合，吸引原住民回流创业和游客体验观光，实现古村内"建筑与环境、新建与既有、现代与传统、产业与居住"的融合发展，带动了乡村复兴和永续生长。

如今的东梓关，有江南水乡的山水特质，有乡村的宁静和烟火味道，有吴冠中画意的写意表达，也是《富春山居图》的当代再现。远望或是行走其中，感受到的是一幅文脉与自然兼备、传统与当代融合、让人心动而又心静的江南山水画卷（图6-6、图6-7）。

图6-6　鸟瞰东梓关一隅

图6-7　遥看东梓关一隅

6.2.1　继承传统空间，塑造水墨乡居风貌

村庄的整治建设基于山水背景和原有的村庄肌理，强调对环境的尊重、对传统的继承，注重文化提炼和保护修缮，塑造地域特色，形成新民居与老建筑相融的水墨乡居风貌。

设计团队在充分调研村庄现状的基础上，延续传统聚落形态和街巷空间尺度，营造出错落有致的民居聚落，以及转折迂回、收放自如的街巷空间；同时，提炼江南水乡和杭派民居的建筑特色，结合现代功能需求，设计建造满足村民生活需要、风格简约朴素、符合现代审美的民居建筑，使其形成人文和自然兼备、古韵新居的建筑风貌特色（图6-8）。

按照修旧如旧的原则，修复了一批濒临倒塌的古建筑，包括许家大院、越石庙、安雅堂、许氏六八房、许春和堂、长塘厅、积善堂等（图6-9）。

经过新建和修缮整治后的东梓关，民清古朴建筑与新式杭派民居与环境相融，形成了"山水相映，粉墙黛瓦，古韵新居"的村庄特色，恰如一幅江南水墨风情画。

图6-8 传统街巷空间与建筑要素的继承

图6-9 许家大院修缮前后对比

6.2.2 延展诗意魅力，走向特色活力宜居乡村

诗意的环境与生活带动起乡村旅游的发展。在外谋生的年轻人逐渐返乡创业，社会资本也不断融入。村庄内的精品民宿、传统美食店、酒作坊和老字号越来越多，增添了时尚的咖啡吧、书吧、茶吧等，前来观光体验的游客络绎不绝（图6-10、图6-11）。

设计师塑造了村庄特色，又吸引了更多的设计师。如今，已有7

家知名设计院落户东梓关村，传统老宅正逐渐成为设计师创作室。东梓关村与知名设计院建立联系，通过展示设计作品、参与乡村设计实践、开展设计交流、业务洽谈等活动来推进"东梓关设计小镇"的实现（图6-12）。

根据规划，目前正在建设东梓关文化主题公园、游客接待中心、养殖基地、甘蔗产业园、中医谷等项目；沿富春江景观带将打造"江心一条街"，发展渔家乐和精品民宿。未来整个东梓关村将形成一个以创新设计等为主导的产业示范区。

图 6-10　诗意的特色活力宜居乡村——东梓关村

图 6-11　东梓关村回迁户的精品民宿

图 6-12　东梓关村设计师论坛

1　资料来源：南京大学建筑与城市规划学院可持续乡土建筑研究中心：《兴化市东罗村特色田园乡村规划》，2017。

6.3　资本下乡的东罗诠释：江苏东罗村[1]

兴化市千垛镇东罗村作为首批省级特色田园乡村试点村庄，与万科正式牵手联姻，通过"政府＋社会资本＋村集体"的创新合作模式，改善了村庄的物质环境，振兴了乡村产业，让沉寂的水上乡村又重新焕发了生机（图6-13）。

东罗村是里下河地区南部的一个普通村庄，相对偏僻的区位条件和肥沃的水土，一度形成了自足、安详的水乡聚落社会。但是也避免不了城镇化、工业化影响的吞噬，再加上村庄四面环水、交通不便，可建设发展空间局促狭小等方面的原因，年轻人纷纷外出务工，村庄芳华渐失、日益凋敝（图6-14）。

图6-13　东罗村村庄风貌

图6-14　一度衰败的东罗村

6.3.1　发展优质农产品，完美对接城市社区

东罗依托肥沃的水土资源，定位发展精品农业：第一，优选全国

金奖大米品种，并与江苏农科院粮食作物研究所合作，构建品种、育秧、栽插、施肥、植保、收储、加工、包装等"八统一"模式，保证大米品质。第二，邀请台湾知名农业推广团队进行品牌合作，推出全新的特色农业品牌——八十八仓。第三，依托万科企业及社区平台资源优势，打通农产品流通渠道，线下在万科社区开设"八十八仓"农产品直营店；线上与万科物业"住这儿"APP合作。第四，对满足规范种植标准的农户，以高于政府指导价和市场价格进行保护性收购，在保证优质生产的同时，提高农民收入。

6.3.2　再现水乡风情，助力全域旅游

千垛菜花旅游节是兴化旅游的名牌产品，东罗村毗邻旅游节主场地——千垛菜花风景区和李中水上森林风景区。利用周边旅游资源，东罗再现水乡传统生活风貌和水乡魅力，发挥"村落＋垛田＋果园"的资源优势，以二十四节气为主线，开展农耕文化、乡土民俗、四时蔬果及四季风光体验等旅游活动，提升乡村旅游的文化内涵，结合村民食堂特色餐饮、千垛果园休闲采摘、特色民宿轻松度假等功能，与千垛菜花、李中水上森林等景区形成合力，差异化发展。

6.3.3　注重肌理延续，营造宜居环境

东罗村逐水而居，保持了传统水乡空间特色，因此在建设改造时采用"针灸式"方式，尊重乡村特有景观和田园肌理，对现有建筑、景观、空间等进行"微改造"，在植物上选择乌桕、杨树等本土树种和农作物，在材料上选择符合当地特色的砖瓦、泥土、竹、木、藤等乡土材料，最大限度保留村落的传统风貌，延续村落的历史记忆，创造地域乡村风貌（图6-15）。通过修复东罗大礼堂，建设村民服务中心、村民食堂等公共服务设施，完善便民服务、文化娱乐、老年康健、儿童活动等公共服务功能。

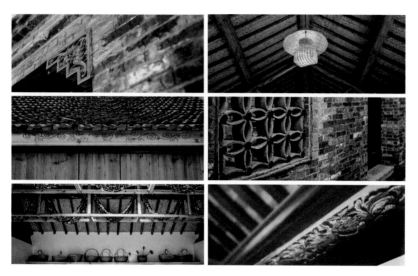

图 6-15 村庄传统建筑构件

6.4 村社一体、合股联营：贵州塘约村[1]

"弱鸟可望先飞，至贫可能先富，贫困地区完全可以依靠自身的努力、政策、长处、优势在特定领域先飞"。贵州的塘约村依托村党组织、村委会、合作社"三套马车"共同发力，通过"村社一体、合股联营"等充满活力的经营模式和管理模式，探索出以"党建引领、改革推动、合股联营、村民自治"为主线的发展道路，以集体的力量创造了乡村振兴的奇迹。

塘约村曾是贵州省国家级二类贫困村，多年来，村集体收入不足4万元，农民人均收入约三四千元，贫困户138户600人；村里"三留守"现象突出，空心化比较严重，最多时候有30%的人外出打工；由于种地不赚钱，30%以上耕地撂荒；村庄人居环境较差，"破石板、烂石墙、泥巴路、水凼凼"是其真实写照。2014年，塘约村遭遇特大洪灾，农田房屋被毁，村庄发展雪上加霜（图6-16）。

1 资料来源：周岚、陈浴宇：《田园乡村 国际乡村发展80例 乡村振兴的多元路径》，中国建筑工业出版社，2019。

135

图 6-16 塘约村旧貌

6.4.1 党建引领、形成合力，发挥村党支部的战斗堡垒作用

灾后，村支书左文学组织村支两委 11 位成员共商塘约发展出路，采取"党支部+合作社+农户"的发展模式，依靠集体的力量抱团发展，开启了脱贫致富的奋斗之路。

6.4.2 村社合一、共同富裕，以利益联结带动农户增收

塘约村成立了以村党支部为引领、村集体所有的"金土地合作社"，村支两委与合作社两块牌子、一套人马。鼓励农民以土地经营权入股、资金入股等方式联合起来，制定股权管理制度，建立股东个人档案，发放股权证书，入社土地由村集体统一经营。合作社下设土地流转中心、股份合作中心、金融服务中心、营销信息中心、综合培训中心、权益保障中心，形成"1+6"的一体化服务体系，有效解决农村土地零散低效、贫困户资金难以筹集、市场风险难以抵御、村民权益难以保障等问题。塘约村还成立农村综合改革办公室，对土地和村集体财产进行确权颁证，明确权利归属，落实承包地"三权"分置（图 6-17）。

图 6-17 工作推进

6.4.3 立足特色、重新定位，推动产业发展和农业供给侧结构性改革

塘约村根据自身资源特色和市场需求，把产业发展和农业供给侧结构性改革结合起来，重新定位，坚持长短结合、地上地下结合、林上林下结合，因地制宜选准主攻方向、主打产品。从周期短、见效快的香菜类、叶菜类、茄果类、菌菇类蔬菜入手，加大种植规模（图6-18）。成立4个农业生产专班，实行"定产值、年薪制"管理，

图 6-18 大棚蔬菜种植基地

完成不了产值的扣年薪，超过产值的以超出部分红利的 30% 进行奖励。同时，围绕"水果上山、苗木下地、科技进田"，引进蔬菜种植企业，注册了绿巨人科技有限责任公司，发展设施农业、观光农业，拓展净菜包装系列。

6.4.4　找准市场、精准发力，破解农产品销售难题

为了把农产品卖得快、卖得好，塘约村号召在外承包土地种植蔬菜的大户和具有市场经验的人士返乡，联合专业人士共同研究制定市场拓展策略，努力找准市场，破解农产品销售难题。塘约村合作社专门组建营销队伍，聘请当地种植能手为合作社生产技术负责人，根据生产和销售经验，研究农产品的市场价格和需求走向，谋划年度主打产品，制定符合市场需求的种植方案，合理规划种植品种、规模及上市时间。

6.4.5　培育农民、激发内生动力，推动富余劳动力本地创业就业

针对村中村民较多外出搞建筑、跑运输等的特点，塘约村通过成立建筑公司、运输协会、妇女创业联合会等组织，加强富余劳动力就业培训，优先向贫困户提供就业岗位，多渠道进行劳务分流，保障全村劳动力充分就业。同时，以合作社名义为返乡青年担保，鼓励其利用惠农贷进行创业。

6.4.6　密切干群、互相监督，创新乡村治理机制

塘约村严格按照"民主选举、民主决策、民主管理、民主监督"的原则，实行村级事务"四议两公开"，制定了国家公职人员、村干

部落实惠民政策行为规范"四要""五严禁"并张贴上墙，时刻警示所有公职人员和村干部。塘约村探索实行的民主管理和民主治理的模式，让基层领导干部处在农民群众严密的监督与考评之下，不仅密切了党群关系，也为集体经济、合作经济的健康持续发展提供了政治保障。

参考文献

[1] 习近平在中美农业高层研讨会上发表致辞（全文）[EB/OL].
（2012-02-17）http://www.gov.cn/ldhd/2012-02/17/content_2069997.htm.

[2] 习近平在海南考察[EB/OL].（2013-04-10）http://politics.people.
com.cn/n/2013/0410/c1024-21090468.html.

[3] 习近平：坚定不移全面深化改革开放脚踏实地推动经济社会发展[EB/
OL].（2013-07-23）.http://www.xinhuanet.com//politics/2013/07/23/
c_116655893.htm.

[4] 习近平就改善农村人居环境作出重要指示 李克强就推进这项工作作
出批示[EB/OL].（2013-10-09）.http://www.gov.cn/guowuyuan/2013-10/09/
content_2587384.htm.

[5] 新华社播发《中共中央关于全面深化改革若干重大问题的决定》
和习近平所作的《关于〈中共中央关于全面深化改革若干重大问
题的决定〉的说明》[EB/OL].（2013-11-15）.http://www.gov.cn/
jrzg/2013-11/15/content_2528251.htm.

[6] 习近平在山东农科院召开座谈会：手中有粮 心中不慌[EB/OL].
（2013-11-28）.http://politics.people.com.cn/n/2013/1128/c70731-
23688867.html.

[7] 习近平在中央经济工作会议上发表重要讲话[EB/OL].（2013-12-
13）.http://www.xinhuanet.com/photo/2013/12/13/c_125857613.htm.

[8] 习近平在中央城镇化工作会议上发表重要讲话[EB/OL].（2013-
12-14）.http://www.xinhuanet.com/photo/2013/12/14/c_125859827.htm.

[9] 习近平在中央农村工作会议上讲话[EB/OL].（2013-12-24）.
http://www.gov.cn/jrzg/2013/12/24/content_2553822.htm.

[10] 习近平主持中共中央政治局第十八次集体学习[EB/OL].（2014-

10-13）．http://www.gov.cn/xinwen/2014-10/13/content_2764226.htm．

[11] 习近平同中央党校县委书记研修班学员座谈并发表重要讲 话［EB/OL］．（2015-01-12）．http://www.xinhuanet.com//politics/2015-01/12/c_127380367.htm．

[12] 云南：落实好习总书记考察云南重要讲话精神［EB/OL］．（2015-02-28）．http://yn.people.com.cn/GB/news/politics/n/2015/0228/c228698-24018177.html．

[13] 习近平：健全城乡发展一体化体制机制让广大农民共享改革发展成果［EB/OL］．（2015-05-01）．http://www.xinhuanet.com/politics/2015-05/01/c_1115153876.htm．

[14] 习近平在华东七省市党委主要负责同志座谈会上强调抓住机遇立足优势积极作为系统谋划"十三五"经济社会发展［EB/OL］．（2015-05-29）．http://military.people.com.cn/n/2015/0529/c172467-27072982.html．

[15] 中央农村工作会议召开 习近平作重要指示［EB/OL］．（2015-12-25）．http://www.xinhuanet.com//politics/2015/12/25/c_1117584137.htm．

[16] 习近平参加黑龙江代表团审议：全面振兴决心不能动摇［EB/OL］．（2015-03-17）．http://www.xinhuanet.com//politics/2016lh/2016-03/07/c_1118255027.htm．

[17] 习近平在安徽凤阳小岗村农村改革座谈会发表重要讲话［EB/OL］．（2016-04-29）．http://china.cnr.cn/news/20160429/t20160429_522017410.shtml．

[18] 新华社评论员．打好改革硬仗 闯出发展新路——学习贯彻习近平总书记黑龙江考察调研重要讲话精神［EB/OL］．（2016-05-26）．http://www.xinhuanet.com//politics/2016-05/26/c_1118939692.htm．

[19] 中央农村工作会议在京召开习近平对做好"三农"工作作出重要指示 李克强提出要求［EB/OL］.（2016-12-20）. http://www.xinhuanet.com//politics/2016/12/20/c_1120155000.htm.

[20] 广西两新领域传达学习习近平总书记视察广西重要讲话精神［EB/OL］.（2017-05-17）. http://gx.people.com.cn/n2/2017/0517/c179430-30196426.html.

[21] 新华社评论员. 着眼大局抓好地方改革工作——学习贯彻习近平总书记在中央深改组第三十七次会议重要讲话［EB/OL］.（2017-07-20）. http://www.gov.cn/xinwen/2017-07/20/content_5212139.htm.

[22] 习近平. 决胜全面建成小康社会 夺取新时代中国特色社会主义伟大胜利——在中国共产党第十九次全国代表大会上的报告［EB/OL］.（2017-10-27）. http://www.xinhuanet.com//politics/19cpcnc/2017-10/27/c_1121867529.htm.

[23] 2017 年中央农村工作会议传递六大新信号：谱写新时代乡村全面振兴新篇章［EB/OL］.（2017-12-30）. http://www.xinhuanet.com//2017-12/30/c_1122188285.htm.

[24] 习近平总书记"三农"思想在福建的探索与实践［EB/OL］.（2018-01-19）. http://www.xinhuanet.com/politics/2018-01-19/c_1122281821.htm.

[25] 四川省委中心组举行专题学习会 继续深入学习习近平总书记来川视察重要讲话精神［EB/OL］.（2018-02-23）. http://sc.people.com.cn/n2/2018/0223/c379470-31272277.html.

[26] 习近平总书记在参加山东代表团审议时的重要讲话引起热烈反响［EB/OL］.（2018-03-09）. http://www.chinanews.com/gn/2018/03-09/8463371.shtml.

[27] 习近平：在纪念马克思诞辰 200 周年大会上的讲话［EB/OL］.（2018-05-04）. http://www.xinhuanet.com/politics/2018-05/04/c_1122783997.htm.

[28] 习近平总书记在全国生态环境保护大会上的讲话引发热烈反响［EB/OL］.（2018-05-20）. http://www.chinanews.com/gn/2018/05-20/8518377.shtml.

[29] 习近平在中央外事工作会议上发表重要讲话 ［EB/OL］.（2018-06-23）. http://www.xinhuanet.com//photo/2018-06/23/c_1123025867.htm .

[30] 习近平新时代中国特色社会主义思想在浙江的萌发与实践·区域协调发展篇——从山海协作、城乡统筹到实施区域协调发展战略 ［EB/OL］.（2018-07-21）. http://politics.people.com.cn/n1/2018/0721/c1001-30161819.html .

[31] 习近平主持中共中央政治局第八次集体学习并讲话 ［EB/OL］.（2018-09-22）. http://www.gov.cn/xinwen/2018-09/22/content_5324654.htm .

[32] 中央农村工作会议在京召开 习近平对做好"三农"工作作出重要指示李克强提出要求 ［EB/OL］.（2018-12-29）. http://www.gov.cn/xinwen/2018-12/29/content_5353389.htm .

[33] 习近平总书记参加河南代表团审议时的重要讲话引发热烈反响 ［EB/OL］.（2019-03-09）. http://www.xinhuanet.com//2019-03/09/c_1124211673.htm .

[34] 马克思，恩格斯. 马克思恩格斯全集·第 3 卷 [M]. 北京：人民出版社，1965：313.

[35] 马克思，恩格斯. 马克思恩格斯全集·第 4 卷 [M]. 北京：人民出版社，1995：159-160.

[36] 马克思，恩格斯. 马克思恩格斯全集·第 21 卷 [M]. 北京：人民出版社，1965：186，188.

[37] 马克思，恩格斯. 马克思恩格斯全集·第 1 卷 [M]. 北京：人民出版社，1956：255.

[38] 习近平. 之江新语 [M]. 杭州：浙江人民出版社，2007.

[39] 吴良镛，周政旭. 城乡统筹的一项战略举措：以县为单元进行农村基层治理 [R]. 2011.

[40] 吴良镛. 两院院士吴良镛谈人居环境科学理论与实践 [N]. 科学时报，2018-3-11.

[41] 吴良镛. 关于建筑学未来的几点思考（下）[J]. 建筑学报，1997（3）.

[42] 王蒙徽，李郇. 城乡规划变革美好环境与和谐社会共同缔造 [M]. 北京：中国建筑工业出版社，2016.

[43] 王蒙徽，李郇，潘安．建设人居环境实现科学发展——云浮实验[J]．城市规划，2012，36（1）：24-29.

[44] 仇保兴．生态文明时代的村镇规划与建设（摘录）[J]．小城镇建设，2009（7）.

[45] 仇保兴．生态文明时代乡村建设的基本对策[J]．城市规划，2008（4）：9-21.

[46] 联合国人居署．城市规划——写给城市领导者[M]．北京：中国建筑工业出版社，2016.

[47] 联合国人居署．致力于绿色经济的城市模式：城市密度杠杆[M]．上海：同济大学出版社，2013.

[48] 周岚，韩冬青，张京祥，王红扬等．国际城市创新案例集[M]．北京：中国建筑工业出版社，2016.

[49] 周岚，陈浴宇等．田园乡村　国际乡村发展80例　乡村振兴的多元途径[M]．北京·中国建筑工业出版社，2019.

[50] 周岚，崔曙平．知行合一：在现实世界践行城市规划理想[J]．城市规划，2017（1）.

[51] 周岚，崔曙平．新常态下城市规划的新空间[J]．城市规划，2016（4）.

[52] 周岚，于春．乡村规划建设的国际经验和江苏实践的专业思考[J]．国际城市规划，2014，29（6）.

[53] 李郇，彭惠雯，黄耀福．参与式规划：美好环境与和谐社会共同缔造[J]．城市规划学刊，2018（1）.

[54] 李郇，黄耀福，刘敏．新社区规划：美好环境共同缔造[J]．小城镇建设，2015（4）：18-21.

[55] 江苏省住房和城乡建设厅．乡村规划建设：美丽乡村营建[M]．北京：商务印书馆，2016（6）.

[56] 江苏省住房和城乡建设厅等．江苏省城乡空间特色战略规划[R].2016.

[57] 江苏省住房和城乡建设厅．江苏省特色田园乡村规划建设指南（第一版）[R].2017.

[58] 江苏省住房和城乡建设厅．特色田园乡村建设候选试点村庄资料

汇编 [R].2017.

[59] 江苏省住房和城乡建设厅. 乡村规划建设：乡村环境整治与乡村发展 [M]. 北京：商务印书馆，2015（3）.

[60] 江苏省住房和城乡建设厅. 乡村规划建设：传统村落保护与发展 [M]. 北京：商务印书馆，2018（8）.

[61] 张京祥. 西方城市规划思想史纲 [M]. 南京：东南大学出版社，2005.

[62] 张京祥，陆枭麟. 协奏还是变奏：对当前城乡统筹规划实践的检讨 [J]. 国际城市规划，2010，25（1）：12-15.

[63] 张京祥，申明锐，赵晨. 乡村复兴：生产主义和后生产主义下的中国乡村转型 [J].国际城市规划，2014，29（5）：1-7.

[64] 申明锐，沈建法，张京祥等. 比较视野下中国乡村认知的再辨析：当代价值与乡村复兴 [J]. 人文地理，2015（6）：53-59.

[65] 武廷海. 从聚落形态的演进看中国城市的起源 [C]. 建筑史论文集，2001.

[66] 贺雪峰. 论农村基层组织的结构与功能 [J]. 天津行政学院学报，2010，12（6）：45-46.

[67] 贺雪峰. 乡村治理研究的三大主题 [J].社会科学战线，2005（1）：219-224.

[68] 廖跃文. 英国维多利亚时期城市化的发展特点 [J]. 世界历史，1997（5）：73-79.

[69] 任有权. 文化视角下的英国城乡关系 [J].南京大学学报（哲学·人文科学·社会科学），2015，52（6）：111-122，156-157.

[70] 梁远. 近代英国城市规划与城市病治理研究 [M]. 南京：江苏人民出版社，2016.

[71] 叶剑平，毕宇珠.德国城乡协调发展及其对中国的借鉴——以巴伐利亚州为例 [J]. 中国土地科学，2010，24（5）：76-80.

[72] 万涛，刘健，谭纵波等. 农村集体经营性建设用地统筹利用的机制探索——德国土地整理实践的启示 [J]. 城市规划，2018，42（9）：54-61.

[73] 毕宇珠，苟天来，张骞之，胡新萍. 战后德国城乡等值化发展模

式及其启示——以巴伐利亚州为例 [J]. 生态经济，2012（5）.

[74] 黄序 . 法国的城市化与城乡一体化及启迪——巴黎大区考察记 [J]. 城市问题，1997（5）：46-49.

[75] 张秋，何立胜 . 城乡统筹制度安排的国际经验与启示 [J]. 经济问题探索，2010（5）：7-11.

[76] 郭建军 . 日本城乡统筹发展的背景和经验教训 [J]. 农业展望，2007（2）：27-30.

[77] 孔祥利 . 战后日本城乡一体化治理的演进历程及启示 [J]. 新视野，2008（6）：94-96.

[78] 王习明，彭晓伟 . 缩小城乡差别的国际经验 [J]. 国家行政学院学报，2007（2）：98-101.

[79] 叶超，陈明星 . 国外城乡关系理论演变及其启示 [J]. 中国人口·资源与环境，2008（1）：34-39.

[80] 曾万明 . 我国统筹城乡经济发展的理论与实践 [D]. 西南财经大学，2011.

[81] 孙久文 . 城乡协调与区域协调的中国城镇化道路初探 [J]. 城市发展研究，2013，20（5）：56-61.

[82] 宁可 . 反哺乡村：快速城市化的应然抉择 [D]. 华南理工大学，2013.

[83] 魏后凯，刘同山 . 论中国农村全面转型——挑战及应对 [J]. 政治经济学评论，2017，8（5）：84-116.

[84] 编委会 . 信息时代社会经济空间组织的变革 [M]. 北京：科学出版社，2018，10.

[85] 郭美荣，李瑾，冯献 . 基于"互联网＋"的城乡一体化发展模式探究 [J]. 中国软科学，2017（9）：10-17.

[86] 宋迎昌 . 城市化大潮下的农村真的衰落了吗 ?[J]. 城市与环境研究，2016（3）：3-19.

[87] 刘自强，李静，鲁奇 . 乡村空间地域系统的功能多元化与新农村发展模式 [J]. 农业现代化研究，2008，29（5）：532-536.

[88] 薛苏鹏 . 对农村衰落的原因及乡村振兴的思考 [J]. 当代经济，2018（19）：92-93.

[89] 梅耀林，许珊珊，杨浩．实用性乡村规划的编制思路与实践 [J]. 规划师，2016，32（1）：119-125.

[90] 姚瑞平．绿色生态引领美丽乡村治理模式 [J]. 唯实，2015（1）：54-56.

[91] 李月．城市起源问题新探——从刘易斯·芒福德的观点看 [J]. 史林，2014（6）：169-173.

[92] 陈恒．城市起源诸理论 [C]. 世博会与都市发展国际学术研讨会，2010.

[93] 王恩涌．评《中国城市发展史》[J]. 人文地理，1996（3）：78-80.

[94] 张喜庆，王立华．中国早期城市起源理论初探 [J]. 兰州学刊，2017（3）：69-78.

[95] 王娜，张年国．"共同缔造"理念下的村庄建设规划路径探索 [J]. 价值工程，2018，494（18）：44-45.

[96] 陈锋．分利秩序与基层治理内卷化资源输入背景下的乡村治理逻辑 [J]. 社会，2015（3）：95-120.

[97] 蔡文成．基层党组织与乡村治理现代化：基于乡村振兴战略的分析 [J]. 理论与改革，2018，221（3）：68-77.

[98] 肖唐镖．近十年我国乡村治理的观察与反思 [J]. 华中师范大学学报（人文社会科学版），2014，53（6）：1-11.

[99] 李金哲．困境与路径：以新乡贤推进当代乡村治理 [J]. 求实，2017（6）：87-96.

[100] 南刚志．中国乡村治理模式的创新：从"乡政村治"到"乡村民主自治" [J]. 中国行政管理，2011，（5）：70-73.

[101] 郎友兴．走向总体性治理：村政的现状与乡村治理的走向 [J]. 华中师范大学学报（人文社会科学版），2015，54（2）：11-19.

[102] 唐守祥．"三治融合"新时代乡村治理体系重构的根本遵循 [N]. 中国社会科学报，2019-01-02（8）.

[103] 陈金彪．创新基层治理体系走乡村善治之路 [N]. 浙江日报，2018-06-28（5）.

[104] 王泳．构建"三治融合"的基层社会治理体系 [N].2018-11-16（2）.

[105] 黄光宇. 走向生态文明的发展之路 [C]. 中国科协学术年会. 2000.

[106] 黄渊基，匡立波. 城乡一体化与生态文明建设的若干思考 [J]. 湖南科技大学学报（社会科学版），2017（5）：119-124.

[107] 刘思华. 对建设社会主义生态文明论的若干回忆——兼述我的"马克思主义生态文明观" [J]. 中国地质大学学报（社会科学版），2008，8（4）：18-30.

[108] 刘国斌，杜云吴. 基于生态文明视角的新型城镇化与新农村建设研究 [J]. 山东社会科学，2015（7）：182-187.

[109] 朱桂云. 科学发展观引领下的生态文明城市建设研究 [D]. 武汉大学，2014.

[110] 沈清基. 论基于生态文明的新型城镇化 [J]. 城市规划学刊，2013（1）：29-36.

[111] 袁莉，李明生. 论生态文明建设背景下的城乡一体化 [J]. 农村经济，2010（9）：51-53.

[112] 谷树忠，胡咏君，周洪. 生态文明建设的科学内涵与基本路径 [J]. 资源科学，2013，35（1）：2-13.

[113] 彭文英，戴劲. 生态文明建设中的城乡生态关系探析 [J]. 生态经济，2015，31（8）：173-177.

[114] 谢涤湘. 生态文明视角下的城乡规划 [J]. 城市问题，2009（4）：30-34.

[115] 林隆庆. 生态文明视野下的城乡规划转型发展 [J]. 绿色环保建材，2017（2）：204.

[116] 余佶. 生态文明视域下中国经济绿色发展路径研究——基于浙江安吉案例 [J]. 理论学刊，2015（11）：53-60.

[117] 白杨，黄宇驰，王敏，等. 我国生态文明建设及其评估体系研究进展 [J]. 生态学报，2011，31（20）：6295-6304.

[118] 张敬赛，马广金. 新时代城乡建设行业管理中的生态文明实现路径——生态城市建设管理工作机制探讨 [J]. 城市发展研究，2018，v.25：No.204（8）：19-24.

[119] 叶超. 体国经野：中国城乡关系发展的理论与历史 [M]. 南京：东南大学出版社，2014.

[120] 全国农业区划委员会 . 中国农业资源与区划要览 [M]. 北京：测绘出版社，1987.

[121] 张尚武 . 乡村的可持续发展与乡村规划展望 [J]. 乡村规划建设，2016（1）.

[122] 张晓春 . 最美乡村——当代中国乡村建设实践 [M]. 桂林：广西师范大学出版社，2018.

[123] 杜威·索尔贝克 . 乡村设计——一门新兴的设计学科 [M]. 北京：中国工信出版集团，2018.

[124] 岳邦瑞 . 绿洲建筑论：地域资源约束下的新疆绿洲聚落营造模式 [M]. 上海：同济大学出版社，2011.

[125] 张十庆 . 徽州乡土村落 [M]. 北京：中国建筑工业出版社，2015.

[126] 王华，陈烈 . 西方城乡发展理论研究进展 [J]. 经济地理，2006（3）：463-468.

[127] 夏玉兰 . 荷兰经验：江苏高效规模农业的借鉴 [J]. 群众，2009（1）：62-69.

[128] 厉为民 . 荷兰的农业奇迹　一个经济学家眼中的荷兰农业 [M]. 北京：中国农业科学技术出版社 .

[129] 李晓江，尹强 .《中国城镇化道路、模式与政策》研究报告综述 [J]. 城市规划学刊，2014，25（2）：1-14.

[130] 李晓江，郑德高 . 人口城镇化特征与国家城镇体系构建 [J]. 城市规划学刊，2017（1）：25-35.

[131] 陈文琼 . 半城市化——农民进城策略研究 [M]. 北京：社会科学文献出版社，2018.

[132] 国家基本建设委员会农村房屋建设调查组 . 农村房屋建设 [R]. 1975.

[133] 张泉等，村庄规划（第二版）[M]. 北京：中国建筑工业出版社，2011.

[134] 艾佛里特·M·罗伯斯等 . 乡村社会变迁 [M]. 杭州：浙江人民出版社，1988.

[135] 张小林等 . 乡村转型——政策与保障 [M]. 南京：南京师范大学出版社，2009.

[136] 广东省人民政府办公厅关于印发《广东省促进"互联网＋医疗健康"发展行动计划（2018-2020年）》的通知 [R]. 2018.06.

[137] 徐智邦，王中辉，周亮，等. 中国"淘宝村"的空间分布特征及驱动因素分析 [J]. 经济地理，2017，37（1）：107-114.

[138] 冯路兴，向军. 魅力金花：让"金花"在灾后重建中精彩绽放 [J]. 江苏建设，2013（6）.

[139] 中国科学院国情分析研究小组. 城市与乡村——中国城乡矛盾与协调发展研究 [M]. 北京：科学出版社，1994.

[140] 邓力群等. 当代中国的乡村建设 [M]. 北京：中国社会科学出版社，1987.

[141] 筱原匡. 神山奇迹 [M]. 北京：新星出版社，2016.

[142] 陈迪. 青海省兔儿干村绿色庄廓民居示范工程研究与实践 [D]. 西安建筑科技大学，2017.

[143] 王军，钱利，冯坚，等. 青海省西宁市湟源县日月藏族乡兔儿干村新型庄廓院 [J]. 小城镇建设，2017（10）：62.

[144] 佚名. 传承·更新——青海日月山兔儿干村新型庄廓院乡建实践 [J]. 建筑知识，2017，37（09）：52-59.

[145] 浙江大学绿色人居团队. 浙江安吉县彰吴镇景坞村绿色农居改造 [J]. 小城镇建设，2017（10）：88-89.

[146] 张姗. 世界文化遗产日本白川乡合掌造聚落的保存发展之道 [J]. 云南民族大学学报（哲学社会科学版），2012（1）：29-35.

[147] 顾小玲. 农村生态建筑与自然环境的保护与利用：以日本岐阜县白川乡合掌村的景观开发为例 [J]. 建筑与文化，2013（3）：91-92.

[148] 才津佑美子，徐琼. 世界遗产：白川乡的"记忆" [J]. 民族遗产，2008（1）：237-253.

[149] 杨帆. 生态文明视野下的中国城市化发展研究 [D]. 西南财经大学，2013.

[150] 孙燕. 推进"三治合一"乡村治理体系建设 [J]. 群众，2018（1）：61-62.

[151] 吴凯之. 构建乡村治理新体系的思路与对策 [N]. 安徽日报，2018-03-13.

[152] 徐勇，赵德健. 找回自治：对村民自治有效实现形式的探索 [J]. 华中师范大学学报（人文社会科学版），2014，53（4）：1-8.

[153] 殷民娥. 多元与协同：构建新型乡村治理主体关系的路径选择 [J]. 江淮论坛，2016，280（6）：46-50.

[154] 许思文. 以文化暖人心顺人心聚人心 [N]. 新华日报，2018-05-09.

[155] 许思文. 以文化振兴推动乡村振兴 [J]. 群众，2018（9）.

[156] 刘彦随等. 中国乡村发展研究报告 [M]. 北京：科学出版社，2011.

[157] 赵亚夫. 谈"戴庄经验" [J]. 镇江社会科学，2016（4）：17-22.

[158] 汪冰清. 生态农业的戴庄经验及其推广性研究——基于江苏省句容市戴庄村的调研报告 [J]. 农村经济与科技，2017（10）：31.

[159] 包璇漪. 难以寻觅的小山村白牛村，"网"事一幕幕 [DB/OL]. http://roll.sohu.com/20130924/n38709906.shtml.

[160] 佚名. 关于白牛村电子商务的发展报告 [R]. 2018.

[161] 佚名. 白牛村发展农村电商村民年收入超 50 万元 [DB/OL]. https://www.cnhnb.com/xt/article-42528.html.

[162] 乡村治理，浙江不止习近平点赞的"后陈经验" [DB/OL]. https://mp.weixin.qq.com/s/79VMcjZdVFJ9dy4npDyLQg.

[163] 南京大学建筑与城市规划学院可持续乡土建筑研究中心，张雷联合建筑事务所，南京万科置业有限公司. 兴化市千垛镇东罗村特色田园乡村规划 [R]. 2017.

[164] 成都市人民政府关于印发《成都市乡村规划师制度实施方案》的通知 [Z]. 2010.

[165] 张佳. 成都乡村规划师制度实践与探索 [DB/OL]. http://bbs.caup.net/read-htm-tid-36018-page-1.html.

[166] 佚名. 比颜值　比创意　景宁郑坑乡"最美畲家小院"长什么样？[DB/OL]. http://k.sina.com.cn/article_1708763410_65d9a9120 2000of4y.html?cre=tianyi&mod=pcpager_news&loc=15&r=9&doct =0&rfunc=60&tj=none&tr=9.

[167] 王欣雨，景宁. "最美畲家小院"评比助推"花样村庄"建设 [DB/OL]. http://gxxw.zjol.com.cn/gxxw/system/2018/10/17/031204168.shtml.

[168] 佚名 . 如果你去到荷兰，一定能体会到以下 8 种绿色生活方式！[DB/OL]. http://www.sohu.com/a/148922743_258456.

[169] 杨秋 . 贫困村如何做到 "百姓富" + "生态美" ——解密塘约 [DB/OL]. http://www.sohu.com/a/148922743_258456.

[170] 重庆市奉节县农委 . 县农委开展农民科技培训　助推农村经济发展 [EB/OL]. http://www.cqfj.gov.cn/zwgk/news/2012-12/935_36196.shtml.

[171] 佚名 . 南粤古驿道为乡村旅游注入新动能 [DB/OL]. 南粤古驿道网 . http://www.nanyueguyidao.cn/ViewMessage.aspx?ColumnId=11&MessageId=8388.

[172] 许瑞生：以十九大精神为指引，书写新时代南粤古驿道保护利用的新答卷 [DB/OL]. http://static.nfapp.southcn.com/content/201712/20/c857850.html.

[173] 佚名 . 中国休闲农业和乡村旅游 "井喷式" 增长 [DB/OL]. http://www.crttrip.com/showinfo-6-2841-0.html.

[174] 佚名 . 全面推进农业发展的绿色变革 [DB/OL]. http://www.gov.cn/xinwen/2018-02/08/content_5264787.htm.

[175] 佚名 . 云南低成本抗震夯土农舍获年度最佳建筑 [DB/OL]. http://xinxianhezi.com/world-building-2017.html.

[176] 佚名 . 发挥乡贤力量，推动乡村振兴战略 [DB/OL]. https://www.sohu.com/a/235961967_99890391.

[177] STÖHR W B and TAYLOR D R F . Development From Above or Below? The Dialectics of Regional Planning in Developing Countries [J]. Public Administration and Development, 1985,5（1）：86-88

[178] RONDINELLI D A. Secondary cities in developing countries：Policies for diffusing urbanization [J].Beverly Hills，Calif，1983，59（4）：461-462.

[179] FRIEDMANN J. Modular cities：beyond the rural-urbandivide[J]. Environment and Urbanization，1996，8（1）：129-131.

后记

推动乡村振兴，促进城乡协调发展是新时代的重大历史任务。国家《乡村振兴战略规划（2018—2022 年）》明确提出，要优化乡村生产生活生态空间，分类推进乡村振兴，打造各具特色的现代版"富春山居图"。绘就"产业兴旺、生态宜居、乡风文明、治理有效、生活富裕"的新时代"富春山居图"，实现乡村振兴和城乡协调发展，是一个长期、艰巨、复杂的系统工程，需要保持历史的耐心和恒心，找准突破口，一年接着一年干，久久为功，方得始终。

本书以基层关注的重点问题为导向，围绕乡村振兴战略为读者提供了推动城乡协调发展、建设美丽乡村的思路、策略和方法，以期推动大家通过扎实行动不断深化理解，探索创新实践，与时俱进提高工作水平。

本书编写组由周岚、张京祥、赵庆红、崔曙平、汪晓春、韦伯军组成。夏铸九、刘大威、杨洪海、曲秀丽等参与了本书的讨论；富伟、何培根、王泳汀、付浩、段威、王婧、袁晓霄、杨洁莹、段德罡等对本书亦有贡献；住房和城乡建设部村镇建设司牵头，城市建设司协助本书编写工作；本书插图中标注＊号的及每章章前页图，均由视觉中国网站提供，在此一并致谢。

在如此短的时间、如此压缩的篇幅内阐述如此广博之命题，实乃一项极为艰巨之任务，本书数易其稿，在撰写过程中深刻感觉"学无止境""力有不逮"，限于视野、水平和能力，难免有所偏颇和局限。今后会根据各方面的意见和建议逐步修改完善，以期更好地为绿色发展理念下我国城乡协调发展与乡村建设提供有益的参考与借鉴。

周岚

2019 年 3 月